On the Imperial Palace by
Liang Sicheng & Lin Huiyin

# 梁思成 林徽因
# 讲故宫

梁思成 林徽因 著

天津出版传媒集团

天津人民出版社

**图书在版编目（CIP）数据**

梁思成林徽因讲故宫 / 梁思成, 林徽因著. -- 天津:
天津人民出版社, 2023.1（2023.6重印）

ISBN 978-7-201-19092-1

Ⅰ.①梁… Ⅱ.①梁… ②林… Ⅲ.①故宫 - 建筑艺
术 - 文集 Ⅳ.①TU-092.2

中国版本图书馆CIP数据核字(2022)第252287号

# 梁思成林徽因讲故宫
LIANGSICHENG LINHUIYIN JIANG GUGONG

梁思成　林徽因 著

出　　版　天津人民出版社
出 版 人　刘　庆
地　　址　天津市和平区西康路35号康岳大厦
邮政编码　300051
邮购电话　（022）23332459
电子信箱　reader@tjrmcbs.com

责任编辑　玮丽斯
监　　制　黄　利　万　夏
特约编辑　邓　华　丁礼江
营销支持　曹莉丽
装帧设计　紫图装帧

制版印刷　艺堂印刷（天津）有限公司
经　　销　新华书店
开　　本　710毫米×1000毫米　1/16
印　　张　13.5
字　　数　200千字
版次印次　2023年1月第1版　2023年6月第2次印刷
定　　价　99.90元

20世纪30年代，（从左到右）费慰梅、林徽因、费正清、梁思成在北总布胡同三号院梁家客厅

1931年至1937年，梁思成一家在北总布胡同三号院住了七年。梁思成、林徽因之女梁再冰回忆说："这所房子有两个虽然不大但很可爱的院子。我记得，小时候，妈妈常拉着我的手，在背面的院子中踱步，院里有两棵高大的马樱花树和开白色或紫色小花的几棵丁香树，客厅的窗户朝南，窗台不高，有中式窗棂的玻璃窗，使冬天的太阳可以照射到屋里很深的地方。妈妈喜爱的窗前梅花、泥塑小动物、沙发和墙上的字画都沐浴在阳光中。"

洛克菲勒家族花园里，用来自北京豫王府的材料，建成了粉墙黛瓦的月亮门、花园墙

在梁思成家隔壁，北总布胡同二号院，发生过一件令梁思成、林徽因感慨的事。1916 年，美国洛克菲勒基金会出资 20 万美元买下豫亲王府，在此地建造了中国第一所现代医学院——协和医学院。与此同时，基金会董事长小约翰·戴维森·洛克菲勒利用建协和医学院的余料，在附近北总布胡同二号为父母盖了一座四合院。1921 年 9 月，小洛克菲勒和夫人来北京参加协和医学院的落成及升学典礼，将豫王府花园拆除材料运回美国，在缅因州的家族夏季度假别墅地的花园中，营建了一个他们记忆中的中国王府小庭园。2015 年后，这个美丽庭园定期向公众开放，成为中国文化对外传播的绝佳窗口。美国人尚且如此珍视中国古建筑的美，作为古建专家的梁思成和林徽因，更是将保护古建筑视作自己的责任。

1935年祈年殿大修，梁思成和林徽因作为技术顾问参与，两人在祈年殿上的合影

　　梁思成是从专业领域对北平古建筑予以考察与评述的开拓者之一，尤其对以故宫为代表的所谓"官式建筑"的充分考量中，为其后来撰著《中国建筑史》奠定了坚实基础，也为其毕生所研究的中国建筑样式学、古典建筑美学提供了最为充分的学术路径。自然，梁思成、林徽因的"故都"情怀，更是无以复加的深厚，一生都为保护古建费心尽力。1948年3月27日，他与胡适等五人联合刊发《维护故都文物建筑，胡适等上书李宗仁》的报道，向当局联名呼吁保护"故都文物建筑"。1948年深冬，几位解放军秘密来到梁思成家，请他标注北平城里需要保护的建筑和古迹，以便攻城时避开。梁思成十分激动，不仅在解放军地图上做了详细标记，还将自己收集的古建筑资料《全国建筑文物简目》，一并交给解放军干部。当北平和平解放后，文物古迹丝毫未损，梁思成甚为宽慰。

梁思成手绘。如图所示，若北京古城墙被保留，将成为全球罕见的景观以及市民休闲的场所

　　当北平被定为中华人民共和国首都后，梁思成隐约担心起来，内城已经很拥挤了，国家行政中心设在哪里。很快，梁思成与英国留学归来的建筑家陈占祥共同提出的全名为《关于中央人民政府行政中心区位置的建议》的"梁陈方案"出炉了。梁陈方案的核心思想是"古今兼顾，新旧两利"，提出将原有的老城保护起来，再造一个拥有多中心功能区的现代新城。而苏联专家的方案则认为，在新中国经济基础尚不充分的情况下，新建城区耗费资源，应在原有的北京城基础上继续建设，形成中心化的城市。1953 年，梁陈方案和苏联专家的方案没有达成一致，梁陈方案未被采纳。大规模旧城改造和古城墙、城门、牌楼的拆除，令梁思成心痛不已，"拆掉一座城楼像挖去我一块肉，剥去了外城的城砖像剥去我一层皮"。

# 编者前言

1934年至1937年，梁思成林徽因等营造学社同仁，受故宫博物院委托，陆续测绘了天安门、端门、午门、太和门、太和殿、中和殿、保和殿、角楼等共计60余处建筑。遗憾的是，这次大型测绘的成果，包括数以千计的测绘数据、测绘图稿，因存放处天津英资麦加利银行1939年被水淹而损失殆尽。

图稿损失，好在梁思成、林徽因的研究文章尚存。本书将他们散见于数百万字著述中有关故宫和北京古建筑的文章，有机编汇为一本，是国内首次。

梁林两位建筑大师研究中国古建筑尤其故宫建筑群总结而出的"九大特征、七个细节"，是上至大学教授下至贩夫走卒认识和欣赏故宫的核心知识。

掌握了核心知识，再也不会因为故宫的宏大繁复，眼花缭乱忙于惊叹却不知从何处去认知了。

# 目 录

貳

# 故宫南的天安门广场

叁

# 古代建筑的类型

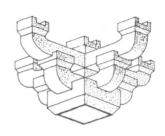

肆

# 从传统建筑
# 九个特征去认识故宫

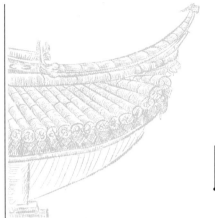

## 伍
# 从七个细节欣赏故宫

## 陆
# 元明清故宫营造

四

柒

# 苑囿、离宫及庭园

五

# 捌
# 坛庙

六

# 玖
# 平郊建筑杂录

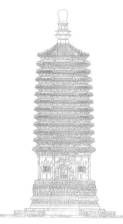

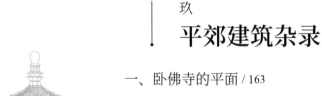

# 北京——
# 都市计划的无比杰作

壹

# 故宫的布局和概说

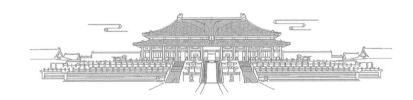

# 故宫的布局和概说

北平故宫现存清代建筑物，最伟大者莫如北平故宫，清宫规模虽肇自明代，然现存各殿宇，则多数为清代所建，对照今世界各国之帝皇宫殿，规模之大、面积之广，无与伦比。

故宫四周绕以高厚城垣，曰"紫禁城[①]"。城东西约七百六十公尺[②]，南北约九百六十公尺，其南面更伸出长约六百公尺，宽约一百三十公尺之前庭。前庭之最南端为天安门，即宫之正门也。天安门之内，约二百公尺为端门，横梗前庭中，又北约四百米，乃至午门，即紫禁城之南门也。

紫禁城之全部布局乃以中轴线上之外朝三殿——太和殿、中和殿、保和殿为中心，朝会大典所御也。三殿之后为内庭三宫——乾清宫、交泰殿、坤宁宫，更后则为御花园。中轴线上主要宫殿之两侧，则为多数次要宫殿。此全部宫殿之平面布置，自三殿以至于后宫之任何一部分，莫不以一正两厢合为一院之配合为原则，每组可由一进或多进庭院合成。而紫禁城之内，

---

① 《后汉书》载"天有紫微宫，是上帝之所居也。王者立宫，象而为之"。紫微、紫垣、紫宫等便成了帝王宫殿的代称。由于封建皇宫在古代属于禁地，常人不能进入，故称为"紫禁"。明朝初期同外禁垣一起统称"皇城"，大约明朝中晚期，与外禁垣区分开来，即宫城叫"紫禁城"，外禁垣为"皇城"。——编者注

② 公尺等于米。——编者注

乃由多数庭院合成者也。此庭院之最大者为三殿。自午门以内，其第一进北面之正中为太和门，其东西两厢则左协和门，右熙和门，形成三殿之前庭。太和门之内北为太和殿，立于三层白玉石陛之上，东厢为体仁阁，西厢为弘义阁，各殿阁间缀以廊屋，合为广大之庭院。与太和殿对称而成又一进之庭院者，则保和殿也。保和殿与太和殿同立于一崇高广大之工字形石陛上，各在一端，而在石陛之中则建平面正方形而较矮小之中和殿，故其四合庭院之形制，不甚显著，其所予人之印象，竟使人不自觉其在四合庭院之中者。然在其基本布置上，仍不出此范围也。保和殿之后则为乾清门，与东侧之景运门，西侧之隆宗门，又合而为一庭院。但就三殿之全局言，则自午门以北，乾清门以南实际上又为一大庭院，而其内更划分为四进者也。此三殿之局，盖承古代前朝后寝之制，殆无可疑。但二者之间加建中和殿者，盖金、元以来柱廊之制之变相欤。

# 一、外朝三大殿——太和殿、中和殿、保和殿

北京城里的故宫中间，巍然崛起的三座大宫殿是整个故宫的重点，"紫禁城"内建筑的核心。以整个故宫来说，那样庄严宏伟的气魄；那样富于组织性，又富于图画美的体型风格；那样处理空间的艺术；那样的工程技术、外表轮廓和平面布局之间的统一的整体，无可否认的，它是全世界建筑艺术的绝品，它是一组伟大的建筑杰作，它也是人类劳动创造史中放出异彩的奇迹之一。我们有充足的理由，为我们这"世界第一"而骄傲。

三大殿的前面有两段作为序幕的布局，是值得注意的。第一段，由天安门，经端门到午门，两旁长列的"千步廊"是个严肃的开端。第二段在午门与太和门之间的小广场，更是一个美丽的前奏。这里一道弧形的金水河和河上五道白石桥，在黄瓦红墙的气氛中，北望太和门的雄劲，这个环

二十世纪三十年代德国人航拍的故宫太和殿

你知道吗？故宫的三大殿差点在民国初年被改建成了国会。那是 1923 年，当时作为两院办公地的资政院由于人员增加已十分拥挤，于是北洋政府就决定改建三大殿让参、众两院的议员到故宫里面办公。消息一出，举国哗然，奉系军阀吴佩孚也发电表示反对，他还以举行军事演习为名对北洋政府进行警告。面对汹汹民意，北洋政府最终无奈地放弃了改建故宫三大殿的计划。

境适当地给三殿做了心理准备。

太和、中和、保和三座殿是前后排列着同立在一个庞大而崇高的工字形白石殿基上面的。这种台基过去称"殿陛",共高二丈,分三层,每层有刻石栏杆围绕,台上列铜鼎等。台前石阶三列,左右各一列,路上都有雕镂隐起的龙凤花纹。这样大尺度的一组建筑物,是用更宏大尺度的庭院围绕起来的。广庭气魄之大是无法形容的。庭院四周有廊屋,太和与保和两殿的左右还有对称的楼阁和翼门,四角有小角楼。这样的布局是我国特有的传统,常见于美丽的唐宋壁画中。

三殿中,太和殿最大,也是全国最大的一个木构大殿。横阔十一间,进深五间,外有廊柱一列,全个殿内外立着八十四根大柱。殿顶是重檐的"庑殿式"瓦顶,全部用黄色的琉璃瓦,光泽灿烂,同蓝色天空相辉映。底下彩画的横额和斗栱,朱漆柱,金琐窗,同白石阶基也作了强烈的对比。这个殿建于康熙三十六年(一六九七年),已有二百五十五岁,而结构整严完好如初。内部渗金盘龙柱和上部梁枋藻井上的彩画虽稍剥落,但仍然华美动人。


## 🌀 太和殿——皇家举行盛大典礼的场所 [①]

太和殿平面广十一间,深五间,重檐四阿顶,就面积言,为国内最大之木构物。殿于明初为奉天殿,九楹,后改称皇极殿。明末毁于李闯王之乱。顺治三年(1646年)重建,康熙八年(1669年)又改建为十一楹,十八年(1679年)灾,今殿则康熙三十六年(1697年)所重建也。殿之平面,其柱之分配为东西十二柱,南北共六行,共七十二柱,排列规整无抽减者,视之宋辽诸遗例,按室内活动面积之需要而抽减改变其内柱之位置

---

① 文中小标题为编者所加。——编者注

### 太和殿藻井内的轩辕镜

　　进入太和殿，最引人注意的是殿顶的轩辕镜，据说这个"镜子"可以分辨真假皇帝，如果假皇帝坐在龙椅上就会被砸。它虽然叫轩辕镜，却不是一面镜子，而是一条雕刻精美的蟠龙嘴吊着一个大铜球，这颗球叫轩辕镜。袁世凯称帝时，因惧怕这个传言，命人将新造的龙椅从原先的位置向后移动了3米。尽管这样，心虚的袁世凯还是没敢在太和殿称帝，最后换成在中海的居仁堂举行称帝大典。

者，气魄有余而巧思则逊矣。殿阶基为白石须弥座，立于三层崇厚白石阶上，前面踏道三出，全部镌各式花纹，雕工精绝，殿斗栱下檐为单杪重昂，上檐为单杪三昂。斗栱在建筑物全体上，比例至为纤小；其高尚不及柱高之六分之一；当心间补间铺作增至八朵之多。在梁枋应用上，梁栿断面几近乎正方形，阑额既厚且大，其下更辅以由额，其上仅承托补间铺作一列，在用材上颇不经济，殿内外木材均施彩画，金碧辉煌，庄严美丽。世界各系建筑中，唯我国建筑始有也。

## 🌀 中和殿——皇帝的休息室

中和殿在太和殿与保和殿之间，立于工字形三层白玉陛中部之上。其平面作正方形，方五间单檐攒尖顶，实方形之大亭也。殿阶基亦为白石须

**中和殿是皇帝举行大典时专用的休息室**

中和殿是一座四角攒尖顶，规模上比太和殿小了很多，它是皇帝的御用"休息室"。在太和殿举行大典时，他会在这里休息，看看仪式的流程，想想一会儿自己说什么话，好比现在一些明星参加活动前的准备间。此外皇帝祭祀农神，也要提前一天在中和殿检查农具。

弥座，前后踏道各三出，左、右各一出，亦均雕镂，隐出各式花纹。殿斗栱出单杪双昂，当心间用补间铺作六朵。殿四面无壁，各面均安格子门及槛窗。殿中设宝座，每遇朝会之典，皇帝先在此升座，受内阁、内大臣、礼部等人员行礼毕，乃出御太和殿焉。殿建于顺治三年（1650 年），以后无重建记录，想即清初原构也。

## 🌀 保和殿——科举考试的最后一站

保和殿立在工字形殿基的北端，东西阔九间，每间尺度都小于太和殿，上面是"歇山式"殿顶，它是明万历的"建极殿"原物，未经破坏或重建。至今上面童柱上还留有"建极殿"标识。它是三殿中年寿最老的，已有337年的历史。

三大殿中的两殿，一前一后，中间夹着略为低小的单位所造成的格局，是它美妙的特点。要用文字形容三殿是不可能的，而同时因环境之大，摄影镜头很难把握这三殿全部的雄姿。深刻的印象，必须亲自进到那动人的环境中，才能体会得到。

保和殿

外朝的第三大殿是保和殿，"保和"一名出自《易经》，意为"志不外驰，恬神守志"，也就是神志得专一、保持宇宙间万物和谐之意。保和殿只做两件事：第一件事是考试，当时中国科举考试最高等级的殿试就是在保和殿举行，殿试会持续一整天，其间考生会领到两餐：早餐是每人四个馒头、一碗汤；午餐是每人四张饼、两个梨、一碗茶。中国的最后一次科举考试是在 1904 年举行，那一年的状元叫刘春霖，他被称为"第一人中的最后一人"。第二件事就是吃饭。皇帝逢年过节会在保和殿请藩王宗室吃饭，保和殿的这个功能有点类似于现在的钓鱼台国宾馆。

# 二、内庭三宫——乾清宫、交泰殿、坤宁宫

乾清门以北为乾清宫、交泰殿、坤宁宫，即内廷三宫是也。乾清宫之东、西厢为端凝殿与懋勤殿，坤宁宫之东、西厢为景和门与隆福门。坤宁宫之北为坤宁门，以基化门、端则门为其两厢。其全部布置与外朝三殿大致相同，但具体而微。

除三殿、三宫外，紫禁城内尚有自成庭院之宫殿约三十区，无不遵此"一正两厢"之制为布置之基本原则。内庭三宫之两侧，东西各为六宫；在明代称为"十二宫"，清朝略有增改，以致不复遥相对称者，可谓后宫之各"住宅"。各院多为前后两进，罗列如棋盘，但各院与各院之间，各院与三宫之间，在设计上竟无任何准确固定之关系。外朝东侧之文华殿与西侧之武英殿两区，为皇帝讲经、藏书之所。紫禁城之东北部，东六宫之东，为宁寿宫及其后之花园，为高宗禅位后所居，其后慈禧亦居矣。此区规模之大，几与乾清宫相埒。西六宫西之慈宁宫、寿康宫、寿安宫，均为历代母后所居。

就全局之平面布置论，清宫及北平城之布置最可注意者，为正中之南北中轴线。自永定门、正阳门，穿皇城、紫禁城，而北至鼓楼，在长逾七公里半之中轴线上，为一贯连续之大平面布局。自大清门（明之"大明门"，今之"中华门"）以北以至地安门，其布局尤为谨严，为天下无双之壮观。唯当时设计人对于东西贯穿之次要横轴线不甚注意，是可惜耳。

清宫建筑之所予人印象最深处，在其一贯之雄伟气魄，在其毫不畏惧之单调。其建筑一律以黄瓦、红墙碧绘为标准样式（仅有极少数用绿瓦者），其更重要庄严者，则衬以白玉阶陛。在紫禁城中万数千间，凡目之所及，莫不如是，整齐严肃，气象雄伟，为世上任何一组建筑所不及。

位于后三宫中心的交泰殿

　　交泰殿位于乾清宫和坤宁宫中间，是一座小巧的方形建筑，覆黄琉璃瓦，正中为鎏金宝顶。它的样子和外朝第二座大殿中和殿有点像，所以作用也差不多，它是皇后做礼仪前准备的地方。同时也寓意"天地交合、康泰美满"。交泰殿前面是乾清宫，是皇帝居住的寝宫，在古代皇帝为天，以"乾"为象征，所以他的居所叫乾清宫。在清朝，顺治、康熙都住在乾清宫，之后从雍正开始就住在了养心殿。后面是坤宁宫，是皇后居住的寝宫，皇后是地，以"坤"为象征，所以她居住的地方叫坤宁宫。在皇帝、皇后大婚时坤宁宫也是他们共度良宵的地方。

自左至右依次为：弘义阁，右翼门，中右门，太和殿，中左门，左翼门，体仁阁

　　很多人游览故宫会径直走向太和殿，而忽略了太和殿广场的其他建筑群。其实广场东西两侧的建筑堪称是皇帝的两个大宝库，一个管才一个管财。东侧的体仁阁是皇帝组织博学鸿词恩科考试的地方，这种恩科考试与传统科举考试不同，它是由当时的省一级的总督、巡抚推荐直接参加。当时康熙皇帝第一次组织的恩科考试地方推荐了143人，最后录取了50人。西侧的弘义阁是内务府的银库，里面存有大量的金、银、制钱、珠宝、玉器、金银器皿等等。弘义阁还有一个神奇的地方就是没有失过火，是紫禁城里真真正正具有600年历史的建筑。

# 三、外朝中路的配殿、楼阁

## 体仁阁、弘义阁——故宫的大宝库

　　体仁阁、弘义阁九间两层之木构，其下层周以腰檐，上层为单檐四阿顶。平坐之上周立擎檐柱。两阁在太和殿前，东西相向对峙。此外延春阁、养性斋，南海之翔鸾阁、藻韵楼，北海庆霄楼，皆此型也。

## 📎 文渊阁——国家藏书之所

文渊阁在外朝之东、文华殿之后，乾隆四十一年（1776 年）仿宁波范氏天一阁建，以藏《四库全书》者也。阁两层，但上下两层之间另加暗层，遂成三层；其平面于五间之西端另加一间以安扶梯，遂成六间，以应易大衍郑注"天一生水，地六承之"之义。外观分上下二层，立于阶基之上。下层前后建走廊腰檐；上层栏窗一列，在下层博脊之上；在原则上与天一阁相同，然其全体比例及大木结构皆为《工程做法则例》宫式做法。屋顶不用硬山而用九脊顶，尤与原范相差最甚也。

纪晓岚的大名到今天许多人都知道，特别是一系列以清朝为题材的电视连续剧的播出，更让许多人对这位清代的名臣有所认知，而最让人熟知的官职就要说是"文渊阁大学士"了。纪晓岚主编的《四库全书》足用了十几年时间编成，全书分为经、史、子、集四部，共收录79338卷。"文渊阁大学士"从此传遍天下，历史留名。

文渊阁内景

## 🐚 雨花阁——皇家御用佛堂

雨花阁为宫内供奉佛像诸殿阁之一。阁三层，平面正方形，但因南端另出抱厦，遂成长方形，南北长而东西狭。第一层深广各三间，并前抱厦深一间，东西另设游廊；第二层深广各三间；第三层则仅一间而已。阁各层檐不用斗栱，柱头饰以蟠龙。最上层顶覆金瓦。其形制与北平黄寺、热河行宫诸多相似之点，为前代所无。

**雨花阁是一座外观三层，实际上内置四层的楼阁式建筑**

据说有一次溥仪在下班后与同事一起去故宫游玩，在逛到雨花阁时，在听到导游在向游客解释雨花阁不开放的原因是因为里面有一尊比较珍贵的佛像，对外开放会使文物受到破坏时，微微一笑地对导游说："小同志，你说得不是根本原因。"导游不太认识溥仪，便问道："那你说是啥原因？"溥仪说："最主要的原因是，雨花阁四层摆放着三尊欢喜佛。这些东西只有皇帝大婚前夕才能去看，为的是学习一些男女之事，所以并不太适合开放参观。"在场的人听完溥仪的话，瞬间脸上泛起了红晕。

## ✿ 钦安殿——皇家御用道观

钦安殿在神武门内御花园。顶上平，用四脊、四角吻，如重檐不用上檐，而只用下檐者，谓之"盝顶"。

### 钦安殿

钦安殿是皇家御用道观。钦安殿也是故宫最北的大殿，殿内供奉着北方之神（水神）——真武大帝。也许是有水神的护佑吧，处在故宫水相方位的钦安殿是明代以来少数没有遭过大火烧毁的建筑，从而保留了很多明代旧物。殿中有真武大帝塑像，如果比对明成祖的画像，你会发现他们有几分相像，所以朱棣深信自己是因为有了北方之神的庇护才得的天下，所以他当上皇帝后在全国各地大加供奉真武大帝。

# 四、天安门、午门、太和门

## 🌀 天安门——皇城的正门

　　天安门于高大之砖台上建木殿九间，其砖台则贯以筒形券五道。砖台全部涂丹，下为白石须弥座。其上木构则重檐九脊顶大殿一座。端门、东华门、西华门、神武门皆属此式而略小，其券道则外面作方门，且仅三道而已。

《胪欢荟景图册》局部"珠联璧合",展示乾隆年间各国使者带着
奇珍异宝在天安门外等候接见的情况  作者 佚名

天安门是明清两代北京皇城的正门,始建于明朝永乐十五年(1417年),最初名
"承天门",寓"承天启运、受命于天"之意。清朝顺治八年(1651年)更名为天安
门。关于由承天门改为天安门有两种说法:一是后金入主中原后,为了长期统治中
原,除了采用其他措施外,还在许多城门的名称上大做文章,天安门便是清政府希望
统治"长治久安"而改的名字。另一种说法是李自成攻进北京城后,来到承天门前,
抬头看见"承天之门"的匾额,不由得连声冷笑:你朱明王朝如果真有承天之运,又
怎会被我李闯王攻破国都?于是摘弓搭箭,射向承天门匾额上的"天"字。清统治者
可能也听说了这个事,故而将"承天"改为"天安"。

## 🌀 午门——紫禁城的正门

午门亦立于高台之上，台平面作"冂"字形。中部辟方门三道。台上木构门楼，乃由中部九间，四角方亭各五间，及东西庑各十三间，并正楼两侧庑各三间合成。全部气象庄严雄伟，令人肃然。当年高宗平定准噶尔御此楼受献俘礼，诚堂皇上国之风，使藩属望而生畏也。

**平定准部回部得胜图 平定回部献俘**

不少人听到午门，第一时间脑子里都会蹦出一句话，"推出午门斩首"，实际上午门外并不是刑场，在明代斩首的地方是在"弃市"，而清代多在宣武门外的菜市口。午门非但不是血腥之地，而且还是国家举行重要典礼的场所。清朝时期的午门，就是承办"颁朔大典"和"受俘礼"的重要场所。

献俘礼上，百官着朝服按序而立，俘虏被白绳牵着脖子，先去告祭太庙，祭祀社稷，然后再拉到午门，端坐在午门门楼上的皇帝如果说一声"拿去"，俘虏将会被处决。准噶（gá）尔汗国的末代之君达瓦齐是俘虏中幸运的一位，乾隆皇帝赦免了他，并封他为亲王，赐给府第。而五十年之后拥兵十万叛乱的张格尔和卓就没那么幸运，道光皇帝没有赦免他。这次午门受俘是大清皇帝最后一次登临午门城头宣示天威。十多年之后，鸦片战争爆发。

## 🌀 太和门——三大殿的正门

太和门由结构方面着眼，实与九间、重檐、九脊顶大殿无异。所异者仅在前后不做墙壁、格子门，而在内柱间安板门耳。故宫内无数间屋，大小虽或有不同，而其基本形制则与此相同也。

太和门

太和门是外朝三大殿的正南门，同时也是紫禁城中规格最高的宫门。

贰

# 故宫南的天安门广场

# 故宫南的天安门广场

## 一、供皇帝祭天时出入的天安门广场

北京的天安门广场，这个现在中国人民最重要的广场，在此前数百年中，主要只供封建帝王一年一度祭天时出入之用。1919 年五四运动爆发，中国人民革命由这里开始，这才使这广场成了政治斗争中人民集中的地点。到了三十年后的十月一日，毛主席在天安门城楼上向全世界昭告中华人民共和国的成立，这个广场才成了我们首都最富有意义的地点。天安门已象征着我们中华人民共和国，成为国徽中的主题，在五星下放出照耀全世界的光芒，更是全国人民所热爱的标志，永在人们眼前和心中了。

这样人人所熟悉、人人所尊敬热爱的天安门广场本来无须再介绍，但当我们提到它体型风格这方面和它形成的来历时，还有一些我们可以亲切地谈谈的。我们叙述它的过去，也可以讨论它的将来各种增建修整的方向。

这个广场的平面是作"丁"字形的。"丁"字横划中间，北面就是那楼台岣峙、规模宏伟的天安门。楼是一横列九开间的大殿，上面是两层檐的黄琉璃瓦顶，檐下丹楹藻绘，这是典型的、秀丽而兼严肃的中国大建筑物的体型。上层瓦坡是用所谓"歇山造"的格式。这就是说它左右两面的瓦坡，上半截用垂直的"悬山"，下半截才用斜坡，和前后的瓦坡在斜脊处汇

天安门前的千步廊（图左侧）

　　其实图中的这个千步廊是个"赝品"，真正的千步廊已于 1900 年毁于八国联军之手。而这个赝品"千步廊"也因"工程恶劣"（梁思成语）在民国初年被拆掉了。

合。这个做法同太和殿的前后左右四个斜坡的"庑殿顶",或称"四阿顶"是不相同的。"庑殿顶"气魄较雄宏,"歇山顶"则较挺秀,姿势错落有致些。天安门楼台本身壮硕高大、朴实无华,中间五洞门,本有金钉朱门,近年来常年洞开,通入宫城内端门的前庭。

广场"丁"字横画的左右两端有两座砖筑的东西长安门。每座有三个券门,所以通常人们称它们为"东西三座门"。这两座建筑物是明初遗物。体型比例甚美,材质也朴实简单。明的遗物中常有纯用砖筑,饰以着色琉璃砖瓦较永远性的建筑物,这两门也就是北京明代文物中极可贵的。它们的体型在世界古典建筑中也应有它们的艺术地位。这两门同"丁"字直划末端中华门(也是明建的)鼎足而三,是广场的三个入口,也是天安门的两个掖卫与前哨,形成"丁"字各端头上的重点。

全场周围绕着覆着黄瓦的红墙,铺着白石的板道。此外横亘广场的北端的御河上还有五道白石桥和它们上面雕刻的栏杆,桥前有一双白石狮子,一对高达八公尺的盘龙白石华表。这些很简单的点缀物,便构成了这样一个伟大的地方。全场的配色限制在红色的壁画,黄色的琉璃瓦,带米白色的石刻和沿墙一些树木。这样以纯红、纯黄、纯白的简单的基本颜色来衬托北京蔚蓝的天空,恰恰给人以无可比拟的庄严印象。

# 二、肇始于北宋汴梁御街的千步廊

中华门(大清门)以内沿着东西墙,本来有两排长廊,约略同午门前的廊子相似,但长得多。这两排廊子正式的名称叫作"千步廊",是皇宫前很美丽整肃的一种附属建筑。这两列千步廊在庚子年毁于侵略军队八国联军之手,后来重修的,工程恶劣,已于民国初年拆掉,所以只余现在的两道墙。如果条件成熟,将来我们整理广场东西两面建筑之时,或者还可以恢复千步廊,增建美好的两条长长的画廊,以供人民游息。廊屋内中便可布置有文化教育意义的短期变换的展览。

这所谓的千步廊是怎样产生的呢？谈起来，它的来历与发展是很有意思的。它的确是街市建设一种较晚的格式与制度，起先它是宫城同街市之间的点缀，一种小型的"绿色区"。金、元之后才被统治者拦入皇宫这一边，成为宫前禁地的一部分，而把人民拒于这区域之外。

据我们所知道的汉、唐的两京，长安和洛阳，都没有这千步廊的形制。但是至少在唐末与五代城市中商业性质的市廊却是很发展的。长列廊屋既便于存贮来往货物，前檐又可以遮蔽风雨以便行人，购售的活动便都可以得到方便。商业性质的廊屋的发展是可以理解的，它的普遍应用是由于实际作用而来。至今地名以廊为名而表示商区性质的如南京的估衣廊等是很多的。实际上以廊为一列店肆的习惯，则在今天各县城中还可以到处看到。

当汴梁（今开封）还不是北宋的首都以前，因为隋开运河，汴河为其中流，汴梁已成了南北东西交通重要的枢纽。为一个商业繁盛的城市。南方的"粮斛百货"都经由运河入汴，可达到洛阳、长安。所以是"自江淮达于河洛，舟车辐辏"而被称为雄郡。城的中心本是节度使的郡署，到了五代的梁朝将汴梁改为陪都，才创了宫殿。但这不是我们的要点，汴梁最主要的特点是有四条水道穿城而过，它的上边有许多壮美的桥梁，大的水道汴河上就有十三道桥，其次蔡河上也有十一道，所以那里又产生了所谓"河街桥市"的特殊布局。商业常集中在桥头一带。

上边说的汴州郡署的前门是正对着汴河上一道最大的桥，俗称"州桥"的。它的桥市当然也最大，郡署前街两列的廊子可能就是这种桥市。到北宋以汴梁为国都时，这一段路被称为"御街"，而两边廊屋也就随着被称为御廊，禁止人民使用了。据《东京梦华录》记载：宫门宣德门南面御街阔三百余步，两边是御廊，本许市人买卖其间，自宋徽宗政和年号之后，官司才禁止的。并安立黑漆杈子在它前面，安朱漆杈子两行在路心，中心道不得人马通行。行人都拦在朱杈子以外，杈内有砖石砌御沟水两道，尽植莲荷，近岸植桃李梨杏杂花，"春夏之日，望之如绣"。商业性质的市廊变

成"御廊"的经过，在这里便都说出来了。由全市环境的方面看来，这样改变嘈杂商业区域成为一种约略如广场的修整美丽的风景中心，不能不算是一种市政上的改善。且人民还可以在朱杈子外任意行走，所谓御街也还不是完全的禁地。到了元宵灯节，那里更是热闹，成为大家看灯娱乐的地方。宫门宣德楼前的"御街"和"御廊"对着汴河上大州桥显然是宋东京部署上的一个特色。此后历史事实证明这样一种壮美的部署被金、元抄袭，用在北京，而由明、清保持下来成为定制。

　　金人当时以武力攻败北宋懦弱无能的皇室后，金朝的统治者便很快地

要模仿宋朝的文物制度，享受中国劳动人民所累积起来的工艺美术的精华，尤其是在建筑方面。金朝是由1149年起开始他们建筑的活动，迁都到了燕京，称为中都，就是今天北京的前身，在宣武门以西越出广安门之地，所谓"按图兴修宫殿""规模宏大"，制度"取法汴京"，就都是慕北宋的文物，蓄意要接受它的宝贵遗产与传统的具体表现。"千步廊"也就是他们所爱慕的一种建筑传统。

金的中都自内城南面天津桥以北的宣阳门起，到宫门的应天楼，东西各有廊二百余间，中间驰道宏阔，两边植柳。当时南宋的统治者曾不断遣使到"金廷"来，看到金的"规制堂皇，仪卫华整"写下不少深刻的印象。他们虽然曾用优越的口气说金的建筑殿阁崛起不合制度，但也不得不承认这些建筑"工巧无遗力"。其实那一切都是我们民族的优秀劳动人民勤劳的创造，是他们以生命与血汗换来的，真正的工作是由于"役民伕八十万，兵伕四十万"并且是"作治数年，死者不可胜计"的牺牲下做成的。当时美好的建筑都是劳动人民的果实，却被统治者所独占。北宋时代商业性的市廊改为御廊之后，还是市与宫之间的建筑，人民还可以来往其间。到了金朝，特意在宫城前东西各建二百余间，分三节，每节有一门，东向太庙，西向尚书省，北面东西转折又各有廊百余间，这样的规模，已是宫前门禁森严之地，不再是老百姓所能够在其中走动享受的地方了。

到了元的大都记载上正式地说，南门内有千步廊，可七百步，建灵星门，门内二十步许有河，河上建桥三座名周桥。汴梁时的御廊和州桥，这时才固定地称作"千步廊"和"周桥"，成为宫前的一种格式和定制，将它们从人民手中掳夺过去，附属于皇宫方面。

明、清两代继续用千步廊作为宫前的附属建筑。不但午门前有千步廊到了端门，端门前东西还有千步廊两节，中间开门，通社稷坛和太庙。当一四一九年将北京城向南展拓，南面城墙由现在长安街一线南移到现在的正阳门一线上，端门之前又有天安门，它的前面才再产生规模更大而开展的两列千步廊到了中华门。这个宫前广庭的气魄更超过了宋东京的御街。

这样规模的形制当然是宫前的一种壮观，但是没有经济条件是建造不起来的，所以终南宋之世，它的首都临安的宫前再没有力量继续这个美丽的传统，而只能以细沙铺成一条御路。而御廊格式反是由金、元两代传至明、清的，且给了"千步廊"这个名称。

我们日后是可能有足够条件和力量来考虑恢复并发展我们传统中所有美好的体型的。广场的两旁也是可以建造很美丽的长廊的。当这种建筑环境不被统治者所独占时，它便是市中最可爱的建筑型类之一，有益于人民的精神生活。正如层塔的峭峙，长廊的周绕也是最代表中国建筑特征的体型。用于各种建筑物之间它是既有实用，而又美丽的。

# 三、大清朝的国门——大清门

大清门，明之大明门，即今之中华门也。为砖砌券洞门，所谓"三座门"者是也。其下部为雄厚壁体，穿以筒形券三，壁体全部涂丹，下段以白石砌须弥座，壁体以上则为琉璃斗栱，上覆九脊顶。此类三座门，见于清宫外围者颇多。今中华门或即明代原构也。

**民国初年紧闭的大清门，它正北方依稀看到的就是天安门**

　　"我是大清门抬进来的皇后"，看过末代皇帝溥仪的自传《我的前半生》的人，都知道这句话是同治帝的皇后阿鲁特氏说的。当时慈禧要用廷杖责打阿鲁特氏，阿鲁特氏情急之下就说了这么一句。但话一出口就戳到了慈禧的肺管子，从此婆媳关系彻底跌入谷底。"大清门"是什么？为什么慈禧会这么在意？其实大清门非常尊贵，有国门之称，只有在重大节日、皇帝大婚或者祭祀的时候才会打开。虽然慈禧当时贵为太后，手握大权，可她出身轻微，进宫时走的是北边的神武门，所以慈禧对大清门很敏感。惹了慈禧自然是不会有好果子吃的，等同治帝一死，慈禧就赐死了这个儿媳妇，让她随大行皇帝（同治）去了。

叁

古代建筑的类型

# 古代建筑的类型

元、明、清三朝，除明太祖建都南京之短短二十余年外，皆以今之北平为帝都。元之大都为南北较长、东西较短之近正方形，在城之西部，在中轴线上建宫城；宫城西侧太液池为内苑。宫城之东、西、北三面为市廛民居，京城街衢广阔，十字交错如棋盘，而于城之正中立鼓楼焉。城中规模气象，读《马可·波罗行记》可得其大概。明之北京，将元城北部约三分之一废除，而展其南约里许，使成南北较短之近正方形，使皇城之前驰道加长，遂增进其庄严气象。及嘉靖增筑外城，而成凸字形之轮廓，并将城之全部砖甃，城中街衢冲要之处，多立转角楼牌坊等，而直城门诸大街，以城楼为其对景，在城市设计上均为杰作。

元、明以后，各地方城镇，均已形成后世所见之规模。城中主要街道多为南北、东西相交之大街。相交点上之钟楼或鼓楼，已成为必具之观瞻建筑，而城镇中心往往设立牌坊，庙宇之前之戏台与照壁，均为重要点缀。

平面布置，在我国传统之平面布置上，元、明、清三代仅在细节上略有特异之点。唐、宋以前宫殿庙宇之回廊，至此已加增其配殿之重要性，致使廊屋不呈现其连续周匝之现象。佛寺之塔，在辽、宋尚有建于寺中轴线上者，至元代以后，除就古代原址修建者外，已不复见此制矣。宫殿庙宇之规模较大者胥增加其前后进数。若有增设偏院者，则偏院自有前后中轴线，在设计上完全独立，与其侧之正院鲜有图案关系者。观之明、清实例，尤为显著，曲阜孔庙，北平智化寺、护国寺皆其例也。

至于各个建筑物之布置，如古东西阶之制，在元代尚见一二罕例，明以后遂不复见。正殿与寝殿间之柱廊，为金代建筑最特殊之布置法，元代尚沿用之，至明、清亦极罕见。而清宫殿中所喜用之"勾连搭"以增加屋之进深者，则前所未见之配置法也。

就建筑物之型类言，如殿宇、厅堂、楼阁等，虽结构及细节上有特征，但均为前代所有之类型。其为元、明、清以后所特有者，个别分析如下：

# 一、城及城楼

城及城楼，实物仅及明初，元以前实物，除山东泰安县岱庙门为可疑之金、元遗构外，尚未发现也。山西大同城门楼，为城楼最古实例，建于明洪武间，其平面凸字形，以抱厦向外，与后世适反其方向。北平城楼为重层之木构楼，其中阜成门为明中叶物，其余均清代所建。北平角楼及各瓮城之箭楼、闸楼，均为特殊之建筑型类，甃以厚墙，墙设小窗，为坚强之防御建筑，不若城楼之纯为观瞻建筑也。至若皇城及紫禁城之门楼角楼，均单层，其结构装饰与宫殿相同，盖重庄严华贵，以观瞻为前提也。

西直门城楼，1953 年被拆除。

## 二、砖殿

元以前之砖建筑，除墓藏外，鲜有穹窿或筒券者。唐、宋无数砖塔除以券为门外，内部结构多叠涩支出，未尝见真正之发券。自明中叶以后，以筒券为殿屋之风骤兴，如山西五台山显庆寺、太原永祚寺，江苏吴县开元寺，四川峨眉山万年寺，均有明代之无梁殿，至于清代则如北平西山无梁殿及北海、颐和园等处所见，实例不可胜数。

## 三、佛塔

自元以后，不复见木塔之建造。砖塔已以八角平面为其标准形制，隅亦有作六角形者，仅极少数例外，尚作方形。塔上斗栱之施用，亦随木构比例而缩小，于是檐出亦短，佛塔之外轮廓线上已失去其檐下深影之水平重线。在塔身之收分上，各层相等收分，外线已鲜见唐、宋圆和卷杀，塔表以琉璃为饰，亦为明、清特征。瓶形塔之出现，为此期佛塔建筑一新献，而在此数百年间，各时期亦各有显著之特征。元、明之塔座，用双层须弥座，塔肚肥圆，十三天硕大；而清塔则须弥座化为单层，塔肚渐趋瘦直，饰以眼光门，十三天瘦直如柱，其形制变化殊甚焉。

## 四、陵墓

明、清陵墓之制，前建戟门享殿，后筑宝城宝顶，立方城明楼，皆为前代所无之特殊制度。明代戟门称稜恩门，享殿称"稜恩殿"；清代改稜恩曰"隆恩"。明代宝城，如南京孝陵及昌平长陵，其平面均为圆形，而清代则有正圆至长圆不等。方城明楼之后，以宝城之一部分作月牙城，为清代所常见，而明代所无也。然而清诸陵中，形制亦极不一律。除宝顶之平面形状及月牙城之可有可无外，并方城明楼亦可省却者，如西陵之慕陵是也。至于享殿及其前之配置，明、清大致相同，而清代诸陵尤为一律。

清代地宫据样式房雷氏图，仅有一室一门，如慕陵者，亦有前后多重门室相接者，则昌陵、崇陵皆其实例也。

## 五、桥

明、清以后，桥之构造以发券者为最多，在结构方法上，已大致标准化，至清代而并其形制比例亦加以规定，故北平附近清代官建桥梁，大致均同一标准形式。至于平版石桥、索桥、木桥等等，则多散见于各地，各因地势材料而异其制焉。

清代不唯将殿屋之结构法予以严格之规定，即桥梁做法，亦制定官式，故北平附近桥梁，凡建于清代者，如卢沟桥及清宫苑囿中诸桥，皆为此式作品。清官式桥梁以券桥为多，券均用单数，自一孔至十五、十七孔不等。其券以两中心画成，故顶上微尖，盖我国传统之券式也。其三孔以上者，两券之间作分水金刚墙以承券脚，其桥下河床且作掏当装板，为一种颇不合理之结构。桥上两侧安石栏，形制如殿陛栏楯之法。

**卢沟桥**

　　卢沟桥始建于金代，是金、元、明、清时期北京城的重要交通路线之一。因其建于卢沟河（后改名永定河）上故名卢沟桥。卢沟桥不仅造型美观，科技含量也很高。10座桥墩建在9米多厚的鹅卵石与黄沙的堆积层上，坚实无比。桥墩平面呈船形，前尖后方，且在每个迎水的尖端安装一根边长约26厘米的锐角朝外的三角铁柱，以抵御洪水和冰块对桥身的撞击，保护桥墩，所以人们又把这个三角铁柱称为"斩龙剑"。还有卢沟桥的桥面也很独特，一般石桥都要起拱，而卢沟桥却平坦笔直地卧于河上，因此意大利旅行家马可·波罗在看到卢沟桥时称赞"它是世界上最好的、独一无二的桥"。

## 六、牌楼

　　宋、元以前仅见乌头门于文献，而未见牌楼遗例。今所谓牌楼者，实为明、清特有之建筑型类。明代牌楼以昌平明陵之石牌楼为规模最大，六柱五间十一楼，唯为石建，其为木构原型之变形，殆无疑义，故可推知牌楼之形成，必在明以前也。大同旧镇署前牌楼，四柱三间，其斗栱、檐栱横贯全部，且作重檐，审其细节似属明构。清式牌楼，亦由官定则例，有木、石、琉璃等不同型类。其石牌坊之做法，与明陵牌楼比较几完全相同。

1900 年正阳门箭楼被八国联军焚毁，正阳门箭楼前的五牌楼幸免于难。

## 七、庭园

　　我国庭园虽自汉以来已与建筑密切联系，然现存实物鲜有早于清初者。宫苑庭园除圆明园已被毁外，北平三海及热河行宫为清初以来规模；北平颐和园则清末所建。江南庭园多出名手，为清初北方修建宫苑之蓝本。

# 从传统建筑九个特征
# 去认识故宫

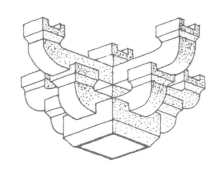

# 从传统建筑九个特征去认识故宫

中国建筑是从中国文化萌芽时代起就一脉相承,从来没有间断过地发展到今天的。从发展的过程上说,必然先有个体房屋,然后有组群,然后有城市;必然从所掌握的建筑材料,先满足适用的要求,然后才考虑满足观感上的要求;必然先解决结构上的问题,然后才解决装饰加工的问题。从殷墟宫殿遗址,作为后世中国建筑体系的基本特征最早的"胚胎"时代的例证开始,在约 3500 年的发展过程中,这些特征就一个个、一步步地形成、成长,并在不断地实践中丰富发展起来了。在这漫长的但一脉相承、持续不断的发展过程中,中国的传统建筑形成了以下一些突出的特征。

## 一、框架结构

在个体房屋的结构方面,采用木柱、木梁构成的框架结构,承托上部一切荷载。无论内墙外墙,都不承担结构荷载。"墙倒房不塌"这句古老的谚语概括地指出了中国传统结构体系的主要特征。这种框架结构如同现代的框架结构一样,必然在平面上形成棋盘形的结构网;在网格线上,亦即在柱与柱之间，可以按需要安砌（或不安砌）墙壁或门窗。这就赋予建筑物以极大的灵活性，可以做成四面通风、有顶无墙的凉亭，也可以做成密封的仓库。不同位置的墙壁可以做成不同的厚度。因此，运用这种结构就可以使房屋在从亚热带到亚寒带的不同气候下满足生活和生产所提出的千变万化的功能要求。

　　上面的荷载，无论是楼板或屋顶，都通过由立柱承托的横梁传递到立柱上。如果是屋顶，就在梁上重叠若干层逐层长度递减的小梁，各层梁端安置檩条，檩上再安椽子，以构成屋面的斜坡；如果是多层房屋，就将同样的框架层层叠垒上去。可能到了宋朝以后，才开始用高贯两三层的长柱

**台基**

　　《礼记》曰："天子之堂九尺，诸侯七尺，大夫五尺，士三尺。"堂即台基。如故宫太和殿的台基的高度为8.13米。

修建多层房屋。

一般的房屋，从简朴的民居到巍峨的殿堂，都把这框架立在台基上。台基有高有低，有单层有多层，按房屋在功能上和观感上的要求而定。

台基按柱高形成的屋身和上面的屋顶往往是中国传统建筑构成的三个主要部分。当然这些都是一般的特征。必须指出，与框架结构同时发展的也有用砖石墙承重的结构，也有砖栱、石栱的结构，在雨量小的地区也有大量平顶房屋，也有由于功能的需要而不做台基的房屋。这是必须同时说明的。

## 二、斗栱

中国木框架结构中最突出的一点是一般殿堂檐下非常显著的、富有装饰效果的一束束的斗栱。斗栱是中国框架结构体系中减少横梁与立柱交接点上的剪力的特有的部件（element），用若干梯形（trabizoidal）木块——斗（TYH）和弓形长木块——栱（TYH）层叠装配而成。斗栱既用于梁头之下以承托梁，也用于檐下将檐挑出。跨度或者出檐的深度越大，则重叠的层数越多。古代的匠师很早就发现了斗栱的装饰效果，因此往往也以层数之多少表示建筑物的重要性。但是明、清以后，由于结构简化，将梁的宽度加大到比柱径还大，而将梁直接放在柱上，因此斗栱的结构作用几乎完全消失，比例上大大地缩小，变成了几乎是纯粹的装饰品。

**太和殿一角上的斗栱**

明清时期的斗栱作为受力构件的功能已大大退化，装饰作用大大增强。

# 三、模数

斗栱在中国建筑中的重要性还在于自古以来就以栱的宽度作为建筑设计各构件比例的模数。宋朝的《营造法式》和清朝的工部《工程做法则例》都是这样规定的，同时还按照房屋的大小和重要性规定八种或九种尺寸的栱，从而定出了分等级的模数制。

# 四、标准构件和装配式施工

木材框架结构是装配而成的，因此就要求构件的标准化。这又很自然地要求尺寸、比例的模数化。传说金人破了宋的汴梁，就把宫殿拆卸，运到燕京（今天的北京）重新装配起来，成为金的皇宫的一部分。这正是由于这个结构体系的这一特征才有可能的。

# 五、富有装饰性的屋顶

中国古代的匠师很早就发现了利用屋顶以取得艺术效果的可能性。《诗经》里就有"作庙翼翼"之句。3000 年前的诗人就这样歌颂祖庙舒展如翼的屋顶。到了汉朝，后世的五种屋顶——四面坡的庑殿顶，四面、六面、八面坡或圆形的攒尖顶，两面坡但两山墙与屋面齐的硬山顶，两面坡而屋面挑出到山墙之外的悬山顶以及上半是悬山而下半是四面坡的歇山顶——就已经具备了。可能在南北朝，屋面已经做成弯曲面。檐角也已经翘起，使屋顶呈现轻巧活泼的形象。结构关键的屋脊、脊端都予以强调，加上适当的雕饰。檐口的瓦也得到装饰性的处理。宋代以后又大量采用琉璃瓦，为屋顶加上颜色和光泽，成为中国建筑突出的特征之一。

**庑殿顶，等级最高，其特点是四坡五脊**

　　图中的故宫太和殿是重檐庑殿顶，这是中国最高的建筑规格，换句话说重檐加庑殿顶只能在太和殿看到，其他地方没有，当然也不敢有。

歇山顶，其特点是垂脊像折了一下。保和殿为重檐歇山顶

悬山顶，其特点是坡面出山墙，同时兼有防雨、防潮等功能

硬山顶，其特点是坡面不出山墙，以及防火，它的建筑等级最低，一般多为民居

**圆形攒尖顶故宫御花园万春亭**

　　所谓攒尖顶就是建筑物的屋面在顶部交汇为一点，形成的尖顶屋。攒尖式屋顶在宋朝时称"撮尖""斗尖"，到了清朝时才称"攒尖"。

# 六、色彩

　　从世界各民族的建筑看来，中国古代的匠师可能是最敢于使用颜色、最善于使用颜色的了。这一特征无疑是和以木材为主要构材的结构体系分不开的。桐油和漆很早就已被采用。战国墓葬中出土的漆器的高超技术艺术水平，说明在那时候以前，油漆的使用已有了一定的传统。春秋时期已经有用丹红柱子的祖庙，梁架或者斗栱上已有彩画。历史文献和历代诗歌中描绘或者歌颂灿烂的建筑色彩的更是多不胜数。宋朝和清朝的"规范"里对于油饰、彩画的制度、等级、图案、做法都有所规定。中国古代的匠师早已明确了油漆的保护性能和装饰性的统一的可能性而予以充分发挥。

　　雪白的汉白玉栏杆和黄色的琉璃瓦在蓝天白云的映照下，显示出强烈的色彩对比效果。

积累了千余年的经验，到了明朝以后，就已经大致总结出下列原则：房屋的主体部分，亦即经常可以得到日照的部分，一般用"暖色"，尤其爱用朱红色；檐下阴影部分，则用蓝绿相配的"冷色"。这样就更强调了阳光的温暖和阴影的阴凉，形成悦目的对比。朱红色门窗部分和蓝绿色檐下部分往往还加上丝丝的金线和点点的金点，蓝绿之间也间以少数红点，使得彩画图案更加活泼，增强了装饰效果。一些重要的纪念性建筑，如宫殿、坛、庙等，上面再加上黄色、绿色或蓝色的光辉琉璃瓦，下面再衬托上一层乃至三层的雪白的汉白玉台基和栏杆，尤其是在华北平原秋高气爽、万里无云的蔚蓝天空下，它们的色彩效果是无比动人的。

这样使用强烈对照的原色（primal colours）在很大程度上也是自然环境所使然。在平坦广阔的华北黄土平原地区，冬季的自然景色是惨淡严酷的。在那样的自然环境中，这样的色彩就为建筑物带来活泼和生趣。可能由于同一原因，在南方地区，终年青绿，四季开花，建筑物的色彩就比较淡雅，没有必要和大自然争妍斗艳，多用白粉墙和深赭色木梁柱对比，尤其是在炎热的夏天，强烈颜色会使人烦躁，而淡雅的色调却可增加清凉感。

# 七、庭院式的组群

从古代文献、绘画再到全国各地存在的实例看来，除了极贫苦的人的住宅外，中国每一所住宅、宫殿、衙署、庙宇……都是由若干座个体建筑和一些回廊、围墙之类环绕成一个个庭院而组成的。一个庭院不能满足需要时，可由多个庭院组成。一般多将庭院前后串联起来，通过前院到达后院。这是封建社会"长幼有序，内外有别"思想意识的产物。越是主要人物或者需要和外界隔绝的人物（如贵族家庭的青年妇女）就住在离外门越远的庭院里。这就形成一院又一院层层深入的空间组织。自古以来就有人讥讽"侯门深似海"，但也有宋朝女诗人李清照"庭院深深深几许"这样意

故宫俯瞰全局图

味深长的描绘。这种种对于庭院的概念正说明它是中国建筑中一个突出的特征。

这种庭院一般都是依据一根前后轴线组成的。比较重要的建筑都安置在轴线上，次要房屋在它的前面左右两侧对峙，形成一条次要的横轴线。它们之间再用回廊、围墙之类连接起来，形成正方形或长方形的院子。在不同性质的建筑中，庭院可作不同的用途。在住宅中，日暖风和的时候，它等于一个"户外起居室"。在手工业作坊里，它就是工作坊。在皇宫里，它是陈列仪仗队摆威风的场所。在寺庙里，如同欧洲教堂前的广场那样，它往往是小商贩摆摊的"市场"。庭院在中国人民生活中的作用是不容忽视的。

这样由庭院组成的组群，在艺术效果上和欧洲建筑有着一些根本的区别。一般地说，一座欧洲建筑如同欧洲的画一样，是可以一览无遗的，而中国的任何一处建筑，都像一幅中国的手卷画。手卷画必须一段段地逐渐展开看过去，不可能同时全部看到。走进一所中国房屋，也只能从一个庭院走进另一个庭院，必须全部走完才能全部看完。北京的故宫就是这方面卓越的范例。由天安门进去，每通过一道门，进入另一庭院，由庭院的这一头走到那一头，一院院，一步步，景色都在变幻。凡是到过北京的人，没有不从中得到深切感受的。

# 八、有规划的城市

从古以来，中国人就喜欢按规划修建城市。《诗经》里就有一段详细描写殷末周初时，周的一个部落怎样由山上迁移到山下平原，如何规划，如何组织人力，如何建造，建造起来如何美丽的生动的诗章。汉朝人编写的《周礼·考工记》里描写了一个王国首都的理想的规划。隋唐的长安、元的大都、明清的北京这样大的城市，以及历代无数的中小城市，大多数是按预拟的规划建造的。

从城市结构的基本原则说，每一所住宅或衙署、庙宇等等都是一个个用墙围起来的"小城"。在唐朝以及以前，若干所这样的住宅等等合成一个"坊"，又用墙围起来。"坊"内有十字街道，四面在墙上开门。一个"坊"也是一个中等大小的"城"。若干个"坊"合起来，用棋盘形的干道网隔开，然后用一道高厚的城墙围起来，就是"城市"。当然，在首都的规划中，最重要最大的"坊"就是皇宫。皇宫总是位于城的正中，以皇宫的轴线为城市的轴线，一切街道网和坊的布置都须从属于皇宫。北京就是以一条长达8公里的中轴线为依据而规划、建造的。

宋以后，坊一级的"小城"虽已废除，但是这一基本原则还是指导着所有城市的规划。

当然，在地形不许可的条件下，城市的规划就须更多地服从于自然条件。

# 九、山水画式的园林

虽然在房屋的周围种植一些树木花草、布置一片水面是人类共同的爱好，但是中国的园林却有它特殊的风格。总的说来，可以归纳为中国山水画式的园林。历代的诗人画家都以祖国的山水为题，尽情歌颂。宋朝以后，山水画就已成为主要题材。这些山水画之中，一般都把自然界的一些现象予以概括、强调，甚至夸大，将某些特征突出。中国的传统园林一般都是这种风格的"三度空间的山水画"。因此，中国的园林和大自然的实际有一定的距离，但又是"自然的"，而不像意大利花园那样强加剪裁使之"图案化的"。玲珑小巧的建筑物在中国园林中占有重要位置，巧妙地组织在山水之间。和一般建筑布局相反，园林中绝少采用轴线，而多自由随意地变。

门对香溪，背倚灵岩的木渎镇严家花园为江南名园之一。龚自珍对此园有"妙构极自然，意非人意造""倚石如美人"等溢美之句。1935年，现代建筑学家刘敦桢教授两赴此园，流连忘返，对严家花园的布局与局部处理极为推崇，认为是苏州当地园林之"翘楚"。

曲折深邃是中国人对园林的要求。这一点在长江下游地区的一些私家园林尤为突出。

园林艺术在中国建筑中占有重要位置。它的特征是应该予以特别指出的。

此文写于1964年7月。手稿存原建筑工程部建筑科学研究院档案。

伍

—

# 从七个细节欣赏故宫

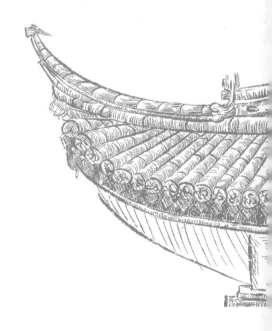

# 从七个细节欣赏故宫

## 一、台基简说

中国的建筑，在立体的布局上，显明地分为三主要部分：（一）台基；（二）墙柱构架；（三）屋顶。无论在国内任何地方，建于任何时代，属于何种作用，规模无论细小或雄伟，莫不全具此三部。最显著的例如北平故都中，宫殿、庙宇、官衙、宅第，其间殿堂，不分时代，不论大小，这三部分均充分地各呈其美，互相衬托；中间如果是纵横着丹青辉赫的朱柱画额，上面必是堂皇如冠冕般的琉璃瓦顶；底下必有单层或多层的砖石台座，舒展开来承托。这三部分不同的材料、功用及结构，联络在同一建筑物中，数千年来，天衣无缝地在布局上，殆始终保持着其间相对的重要性，未曾因一部分特殊的发展而影响到他部，使失去其适当的权衡位置，而减损其机能意义。

西洋建筑中，古希腊庙宇，如帕特农（Parthenon）等，亦用台基，且分三层；但台基每层，大者亦仅高两三踏步，与建筑物本身上两部的比例，较我国宽阔崇高的基座远逊，在全建筑中亦不占成主要之一部。上部瓦顶亦短促退缩，仅足完成遮蔽上部的实际功用。在外表上代表屋顶部分的三角形"坡顶门"（Pediment）或房山，在材料上及结构上，均与墙壁同；竟可说是墙壁伸张到屋顶部分，越俎代庖地为屋顶张罗。

在较希腊更古的西洋建筑中，对于台基有两种极端相反的观念。埃及与亚西利亚都是在空旷的沙漠上营建的古族。埃及的建筑完全没有台基，矗立的墙壁仿佛由沙里长出来。亚西利亚却在平地上筑起广袤千尺、高数十尺的大高台，在上面筑起百十座殿堂；每一座的殿堂却没有台基。所以与中国式台基最相类似的仍推希腊，但是在后世它却未得着发展的机会。

在印度建筑中，台基却素来占着相当重要的位置，公元一、二世纪间的许多石刻和公元第四、五世纪以来的实物，台基都相当显著。至中古初期，如 Sirpur 城之 Laksmana 寺砖塔，建于第七世纪；较之略迟的如 Mamallapuram 城之 Draupadi ratha，和其他许多的例，都有极发达的台基，其重要与中国台基相等。除在下文另加申述外，我在这里仅先提出它与中国台基之相似。

古代文献关于建筑的记载甚为简单，但仍可以表示这三部分的平均重要性来。这基本三部分的结构，其历史久远，始于上古，本无可异；所令人惊叹的则是其顺序平均的发展，直至今日，仍然保留着原始面目。

三部之中，台基在下是上两部之承托者，若无台基，上部将无所立，正如《书经·大诰》所谓：若考作室，既底法，厥子乃弗肯堂，矧肯构？所以本图集亦取台基为基础之义，以为第一集。

台基见于古籍的均作"堂"。《墨子》谓："尧堂，高三尺，土阶三等。"《礼记·礼器篇》谓："有以高为贵者，天子之堂九尺，诸侯七尺，大夫五尺，士三尺。……"所谓"堂"即台基之谓，绝不是今日普通所谓厅堂的，意义显然。以常识论，尧"堂高三尺"的堂绝不是人可以进去的。《考工记》谓："夏后氏世室，堂修二七，广四修一，五室三四步，四三尺，九阶，四旁两夹，窗。……殷人重屋，堂修七寻，堂崇三尺，四阿重屋"。历代学者对于这一段的解释，如《考工记·解》谓："五室者堂上为五室也。……"《考工记·通》谓："堂之上为五室。……一堂四面皆有阶，南面三阶，东西北各二阶，共为九阶。室之四面各有户，每户夹以两窗，共为八窗。"由此看来，古所谓"堂"，就是宋代所谓"阶基"，清代及今所谓"台基"，当没有多大疑问。

在实物上，最古的遗例，莫过于数年前河南安阳发掘殷墟，所得殷代宫殿的遗址，方正的土台或"堂"上面，有整整齐齐安放着的石块，大概是柱础。次古的则有燕下都考古团在河北易县所发现的燕故都宫殿台基的遗址；陕西西安附近汉未央前殿遗址。这几处都是土筑的方台，或利用天然的山丘筑成土台。在建筑考古学上，虽是极重要的史料，在建筑图案上因其过于简陋，却没有特殊的价值。

台基在建筑图案上具有可供参考价值的最古遗物，当推汉代的许多画像石和石阙。两城山画像石有小规模的阶基。先于地面立间柱；柱与柱之间，有水平横线数条，也许是表示砖缝的意义。其上有阶条石，表面上刻有花纹。这与六朝隋唐间许多遗物相同。实物只有山东、四川几处石阙座，其中如山东嘉祥县武氏祠石阙，座为方正的石块，上面又有约作四十五度的斜面，轮廓至为简单。

六朝以还，中国文化由外面来了一支生力军，使它进入一个新的境界。佛法东来，不唯在思想界生出重大的变动，在艺术上亦有很大的影响。在建筑方面，中国基本的三部分虽没有摇动，柱、梁、屋顶虽完全维持原形，但是台基部分，却发生不小的变化，介绍来一种新的轮廓。其所

**太和门前的铜狮下雕刻精美的须弥座**

须弥座台基等级最高，源于佛座，用佛像的底座显示建筑的崇高级别。

以在这一部分特有影响者，也许是因为印度原来也有显著的台基，所以其轮廓及雕饰用到中国原有的同样部分上，是一件毫不费力的事情。于是须弥座就输入中国。

须弥座的形式大略地说，是一段台基，其上下都有几道水平的线道，逐层渐渐向外伸展。其初入中国，大约只用作佛像座，后来用途却日渐推广了。按"须弥"二字，见于《佛经》，本是山名，亦作"修迷楼"，其实就是喜马拉雅的古代注音。《佛经》中以喜马拉雅山为圣山，故佛座亦称"须弥座"。唐王勃已有"俯会众心，竞起须弥之座"之句。唐代遗物如敦煌壁画中许多佛像及佛塔之下，莫不皆有须弥座；尤其是画中建筑物底下，须弥座已成一种极普遍的主要部分了。

须弥座形式之原始，如其他许多佛教艺术的手法或特征，当脱胎自希腊（乃至罗马？）的典型。古希腊罗马遗物中，像座基座均多，如雅典山头城的 Athena 像座，Erec-theum 人形廊下的像座，雅典城内 Lysicrates 唱胜纪念亭的基座，法国南部 Nimes 城 Maison care 的高大台基皆是。但在欧洲，台基作为建筑物上重要部分的倾向仅限于古代各例。自公元左右起，建筑物的基座便渐低薄短促，失去其重要性；至文艺复兴，有所谓"高起地下层"（high basement）者，已完全不是台基。基座仅成为造像或碑塔底下所专用，其名称亦由 base 而变成 pedestal 了。

在印度古代建筑中，除上文所述的几处寺塔外，须弥座之应用，实在是多不胜数。其中如 Aihole 城 Hucchimalligudi 寺的"裙肩"，Ajanta 第二十四窟支提的须弥座，尤与中国后世的须弥座相似。至于较后的遗物，则更多了。

但是希腊、罗马的大匠们，当未曾想到他们所创的一种形式，数世纪后，竟辗转传到数万里外的中国来，形成中国建筑的一个主要部分，继续地享了一千四五百年光荣的历史，而且愈在后代愈显然较早期发达起来。

在须弥座输入中国之初，直至唐代，其断面轮廓颇为简单，上下的线道都是方角的层层支出，初无圆和的莲瓣或枭混（Cyma），云冈刻塔及杭州闸口五代白塔和敦煌壁画所见，率多如此。

有枭混莲瓣的须弥座，殆至五代乃渐渐盛行，至宋而更盛。基身或以小立柱分格，内镶壶门等等，基上下枭混始渐复杂。须弥座做法之定作成规，始见于宋《营造法式》。按卷十五须弥座条说：

垒须弥座之制，共高一十三砖，编者按：同卷窑作制度条，砖厚二寸五分或二寸；以二砖相并，以此为率。自下一层与地平，上施单混肚砖一层；次上牙脚砖一层，比混肚砖下龈收入一寸；次上罨牙砖一层比牙脚出三分；次上合莲砖一层比罨牙收入一寸五分；次上束腰砖一层比合莲下龈收入一寸；次上仰莲砖一层比束腰出七分；次上壶门柱子砖三层柱子比仰莲收入一寸五分，壶门比柱子收入五分；次上罨涩砖一层比柱子出五分；次上方涩平砖两层比罨涩出五分。如高下不同，约此率随宜加减之如殿阶基作须弥座砌垒者，其出入并依角石柱制度，或约此法加减。

清代须弥座做法，亦有规定。按《营造算例》拙编本第七章第五节：

须弥座各层高低，按台基明高五十一分归除，得每分若干：内圭角十分；下枭六分，带皮条线一分，共高七分；束腰八分，带皮条线上下二分，共十分；上枭六分，带皮条线一分，共高七分；上林九分。

宋代遗物，则有河北正定隆兴寺佛香阁观音铜像须弥座，其全部布局与《法式》所定相若，其不同之点，只在上用两层方涩，罨涩刻作仰莲瓣，而仰莲部位却类似罨牙，束腰内有狮子为饰。清代遗物，故宫甚多。

若以宋、清两式比较，可以说清式是将宋式台基的中段柱子壶门及混肚等减去而成，而仅留其上下枭混、方涩、牙脚砖等。两式所注重的部分，所以完全相参错。两式形状所呈现及观者所得的印象亦迥然相殊。宋式全部较清式秀挺，但其本身权衡却又古拙可爱；清式束腰减成一细道，上下枭混乃喧宾夺主，且手艺圆熟精细而不能脱去匠人规矩的气息，更显然不如古制。不过在宋代界画中，也有时见到与清代较近的须弥座。考诸元、明遗物，则有将柱子壶门束腰合而为一者，如正定开元寺大殿须弥座，有将柱子壶门与束腰放作同等大小者，如河北曲阳县北岳庙基座，竟成为重层束腰的局势，变化甚多。这些形制，都可以表示宋、清两代官式须弥座间之过渡或旁支的做法。

宋、元以前，台基的角石，往往尚有雕作角兽者，如《法式》卷二十九所载。北平护国寺元代殿堂故基上，山西应县佛宫寺辽代木塔台基上，尚有这种遗物，但自明、清以后，这种做法便不很多见了。

除去用石以外，须弥座亦有用木或琉璃者；前者多半用于户内，属于小木作范围，后者多为带装饰性的影壁等等。木刻须弥座，因为材料的关系，往往采取与砖石极不相同的比例；在雕饰上，极易偏于繁缛纤细，如北平故宫内许多的宝座。琉璃须弥座，在结构上采与石相近的权衡，而雕饰上则又可作种种精细流畅的花纹线路，差不多可说是兼木石两者之长的一种材料。

# 二、石栏杆简说

栏杆是个人人熟悉的名词，本用不着解释。在拙著《清式营造则例》中，我曾为下定义，兹姑且略加修正，解释如下：

栏杆是台、楼、廊、梯，或其他居高临下处的建筑物边沿上防止人物下坠的障碍物；其通常高度约合人身之半。栏杆在建筑上本身无所荷载，其功用为阻止人物前进，或下坠，却以不遮挡前面景物为限，故其结构通常都很单薄，玲珑巧制，镂空剔透的居多。英文通称 Balustrade。

栏杆古作阑干，原是纵横之义；纵木为阑，横木为干，由字义及建筑用料的通常倾向推测，最初的阑干，全为木质是没有疑义的。栏杆亦称勾栏，宋画中所常见的，有木质镶铜的，或即此种名词的实物代表。

栏杆在中国建筑中是一种极有趣味的部分；在中国文学中，也占了特殊的位置，或一种富有诗意，非常浪漫的名词。六朝唐宋以来的诗词里，文人都爱用几次"阑干"，画景诗意，那样合适，又那样现成。但是滥用的结果，栏杆竟变成了一种伤感、作态、细腻，乃至于香艳的代表。唐李顾诗"苔色上勾栏"，李太白"沉香亭北倚栏杆"，都算是最初老实写实的词句，与后世许多没有阑干偏要说阑干，来了愁思便倚上去的大大不同。

其实栏杆固富于诗意，却也是建筑艺术上一个极成功的形体。在古代遗物中，我们所知道最古的阑干，当推汉画像石及明器。在明器中，有用横木直木的，有用套环纹的，有饰以鸟兽形的，图案不一，可见虽远在汉代，栏杆已是个富于变化性的建筑部分了。画像石中，如函谷关东门与两城山画像石，却在寻杖之下用短柱，其下盆唇和地栿之间，复用蜀柱和横木，颇类云冈石窟中的斗子蜀柱勾栏。后世的勾栏，也许由此改进而成。可惜这两种遗物在刀法上都嫌过于写意的，汉代阑干的形制，不易借以得着准确的印象。

次古的阑干见于云冈，在中部第五窟中，门上高处刻有曲尺纹阑干。这种形制，直至唐末宋初，尚通行于中国、日本。除去云冈的浮雕与敦煌许多壁画外，这种栏杆的木制者，在日本奈良法隆寺金堂、五重塔，及其他许多的遗物上，在国内如蓟县（今蓟州区）独乐寺观音阁及山西大同华严寺薄伽教藏殿内壁藏等处都可见到。

民国十九年（1930年）卢树森、刘敦桢二先生重修南京栖霞山舍利塔时，发掘得曲尺纹残石栏板一块。后来重修栏杆便完全按照那形式补刻全部。这塔的年代，我认为是五代所重建，恐非隋原物。但是石栏板的年代，也许有比塔更古的可能；无论其为隋物抑五代物，仍不失为我们现在所知道中国最古的曲尺纹栏板实物。在这遗物上，我们可以看出它显然不唯完全模仿木栏杆的形式，而且完全模仿木质的权衡，以石仿木的倾向本极自然，千年来中国的石栏杆还没有完全脱离古法，也是如此。

在宋李明仲《营造法式》中，我们初次见到栏杆规定的比例。《法式》卷三，石作制度中，造勾栏之制：

重台勾栏每段高四尺，长七尺。寻杖下用云栱瘿项，次用盆唇，中用束腰，下施地栿。其盆唇之下，束腰之上，内作剔地起突花板；束腰之下地栿之上亦如之。

单勾栏每段高三尺五寸，长六尺。上用寻杖，中用盆唇，下用地栿。其盆唇、地栿之内作万字，或透空或不透空，或作压地隐起诸花，如寻杖远、皆于每间当中，施单托神或相背变托神。

若施之于慢道，皆随其拽脚，令斜高与正勾栏身齐。其名件广厚，皆以勾栏每尺之高，积而为法。

清式勾栏，按拙编《营造算例》第七章第七节，也有规定的比例，但远不若宋代的严格：

长身地栿长按空当并面阔进深……宽按栏板厚二份。高同栏板厚。

宋、清两代之间，显然呈现相去甚远的权衡，各件之安排法，亦迥然相殊。在权衡上，宋式比较纤细，而清式肥硕。在安排上，宋式每两板之间并不一定都用望柱（在宋画中却时有用的），望柱直接施于台基上，而地獣两端"撞"在望柱上。清式则每两板之间必用望柱；地栿通长，望柱栏板均放在地栿之上。这古今两式之变迁，一言以蔽之，就是仿木的石栏杆，渐渐脱离了木的权衡及结构法，而趋就石质所需要的权衡结构。木质长度可较甚于石，故寻杖可连长数段不需望柱隔划。石料长度有限，且细长部分脆而易折，故宜分段，每两段间立柱支撑。自宋式推溯而上至栖霞山五代舍利塔，则可见其仿木程度更甚。在图版贰之中，我们将五代与盛清两时期的遗物放在一起，作为一种古今的对照，其分别更显然了。

如《营造法式》所规定的实物，无论重台或单勾栏，除上述的南京舍利塔石栏杆残板外，我们还未见到更多的实例。宋代离今日并不算太远；我疑心在汴梁宋故宫遗址发掘，或有获得之可能。金元遗物，也没有年代确实的真品；河北赵县金代小石桥上明正德二年所雕，也许是仿金代原有栏杆的铺作；至于河北正定阳和楼前关帝庙石栏，虽有与庙同时（元）的可能，但没有确实证据。所以本集所搜集，多属北平宫苑中的清代作品。这种也只能在做法及形式方面略举数例，稍微谈及而已，不能帮助历史演变的研究。

现在姑就实物的形制，略作分析。

由栏杆全部集合法的种类着眼，中国的石栏杆大概可分为三种：

（一）用望柱及栏板者。这种最多，是一种最通常的做法。本集图版大多属于这类。

（二）用长石条而不用栏板者。这种栏杆，总算一种比较粗鄙的作品；视其所用地方之不同，有时可得雄壮的气概，如从前北平正阳门内的石栏；有时用在园庭，又甚幽雅。这样做法的栏杆不甚多见，也许是因为将石凿成瘦细的长条，与力学原则上颇有违背的缘故。

（三）只用栏板而不用望柱者。本集只选了一个例。这种做法在北平苑囿及郊外许多的桥上，都见得到。厚实的栏板，一片片放在地栿上，颇有一种舒适的样子。但板与板相接处，到底呈薄弱的状态。

在部分的分析上，栏板与望柱，都各有许多不同的做法。

栏板中最多见之一种为北平故宫中常用的那种仿木栏板。这种栏板虽以石制，但仍保存着木栏杆所有的原来部分。寻杖、云棋、瘿项、盆唇、蜀柱、花板、束腰，等等部分，由古代的木质栏杆，经过唐、宋、金、元，一程一程地演变，以至明清；各部权衡虽殊，但每部都仍存在。在权衡上，古代的比较后代的近于木形，换言之，后代的做法较古代的适当于石质合乎力学原则——形式上也就较古代的笨重多了。在比例上，清式栏板的寻杖加粗到将近一倍，云棋瘿项（清式称荷叶净瓶）也加大了，而盆唇以下，蜀柱花板等部分都贬成极浅的浮雕，保持着整块石板的厚度。每板之间，不唯加用望柱，而且荷叶净瓶之外尚加垂直的素边。栏板和望柱全部都立在地栿上。其演变虽到如此，但是其仿木的特征，仍完全暴露，未尝稍加掩饰。

这种各部齐全的仿木栏板上的部分，也有许多不同的做法。先就寻杖看，其断面有方的、圆的、"束竹"形的、八角形的。瘿项部分则用斗子蜀柱、云棋、荷叶净瓶、牡丹或其他花纹，更有用托神的、驼峰托斗的，样式极多。

花板有分为两格的，有不分格的，有透空的，有不透空的，有浮雕花草龙兽或雷纹的，有素的。栏板之下有用地栿的，有用两块方石托在板下以代地栿的。

除去这种各部齐全的仿木栏板外，又有许多只取木栏板之一部分以为栏板者。沈阳昭陵栏杆只有花板及其周围一框，北平北海漪澜堂后栏杆，就只有云棋，文渊阁前栏杆虽有花板部分而缩小。栏板各部的用法是层出不穷的。

栏板之不做木质原形者，种类更多。最简单的一种，为完全整块的石板，只刻极简单的线纹。又有雕空，但权衡坚厚，宜于石质，且合力学原则者，如颐和园内谐趣园栏杆，只是一板空心的方环。

花板雕饰题材，也颇饶趣味。古代曲尺形纹根，自是原始的实用部分，但到后来，花板上花纹却生出不少的变化。赵县的几道桥上，都刻着带有故事的事迹图，如图版琶乙，布局刻工，尚称优美。宝相花龙凤等等，亦属常见，正定关帝庙，及北平武英殿，是同一题材两种做法，一个古拙苍老，一个流畅纯熟，各尽其妙。北平北海及文渊阁，都有水纹花板，线路极其圆和，颐和园铜亭则有仿铜器雷纹者，都是不甚多见的图案。

至于望柱，在完全仿木的期间，只用于栏杆转角处，而使栏板"逐段相接"；栖霞山舍利塔实物和《营造法式》的规定都是如此。但在本集中所有其他的例，都在每两板之间用一柱。柱身的断面，古代多是八角形（《法式》所谓作八瓣），立在阶基之上，近代则均正方形立在通长的地栿上。

望柱的本身，可分为柱身及柱头两段。柱身虽多素平无花，但起双重海棠地者，极多见于北平故宫；亦有刻作龙纹、雷纹者，则较罕见。

柱头的图案，却层出不穷了。《营造法式》所规定的是狮子，狮子有莲座，全身并不甚高。清故宫官式栏杆的望柱则用很高的圆筒形。这样圆筒形望柱头的花纹，有龙、凤、夔龙、云纹等等。北海天王殿门前有水纹

故宫内的一处栏杆，雕刻风格浑厚、威严

方柱头，但不多见。略如宝珠形的，大多下有莲座，上有复曲线轮廓的顶。这种顶的名称虽有各种，但形式大致都相类似。此外尚有较简单的莲瓣，或作仰覆莲而上无顶者，如文渊阁前栏杆，及北海漪澜堂后山上栏杆；或在莲座或须弥座上有很高的覆莲瓣的，如沈阳昭陵的栏杆。纯几何形的图案，也常用于柱头，在北平苑囿之中不少。在同一栏杆上，用许多不同的柱头者亦偶尔得见；河北赵县永通桥是其一例；至于山西霍县北门外石桥栏杆的柱头，不唯每个不同，而且题材特异，葫芦、花瓶、人头、人手、狮子、猴子、几何形等等，杂乱滑稽，今选刊于此，聊作前车之鉴。

在栏杆尽头处，多有用抱鼓石者，见于各图。抱鼓石多在几层卷瓣之上放鼓状圆形，其中亦有用水纹，或动物命题的，但是比较少见。

# 三、斗栱简说

## 斗栱简说之汉—宋

中国建筑，自有史以前，即以木架为骨干，墙壁棉扇，仅以别内外，不负屋顶的重量。这种木构架，下为立柱，上为梁檩。在梁檩与立柱之间，为减少剪应力故，遂有一种过渡部分之施用，以许多斗形木块，与肘形曲木，层层垫托，向外伸张，在梁下可以增加梁身在同一净跨下的荷载力，在檐下可以使出檐加远，这便是中国建筑数千年来所特有的斗栱部分。

为便于说明计，我们须先解释斗栱各部名称。宋以前斗栱及各部的名称，因无专书存在，故难知其详；有之自李明仲《营造法式》始，故本文内关于宋以前者，均用宋名。宋式斗栱各部，可分为斗、栱、昂、枋四大项。其形状方块为斗，船形或肘形长木为栱。栱或枋相互叠施，其间却用斗垫托。最下层全朵重量集中处最大的斗为栌斗。由栌斗口向外伸出的拱为华栱，华栱可用单层或双层，每一层称一杪，故曰单杪或双杪。华栱以上斜垂向外伸出者为下昂，下昂之数可以用到三层，按其层数，称单下昂、双下昂或三下昂。

凡是华栱及下昂均向外伸出，与建筑物表面成为正角；其向外伸出，每加高一层，便向外加出一跳，每跳"跳头"（即华栱或下昂的外端上）安一小斗，称交互斗，以承横栱。横栱与华栱或下昂成正角，与建筑物表面平行，计有四种：（一）在栌斗口内与华栱相交者为泥道拱；（二）在泥道拱之上，与第二层华栱相交者为慢栱；（三）在每跳跳头上者为瓜子栱，以承慢栱；（四）在最上一跳跳头上者为令拱，以承橑檐枋或平棋枋。在横栱两

七〇

梁思成 林徽因 讲故宫

端的斗，皆称散斗。在华栱或昂头上承托上一层横栱中部的斗为交互斗。在华栱或横栱正中承托上一层栱正中的斗均为齐心斗。第一层昂之下，往往将华栱前端减削，自交互斗内伸出两卷瓣以承昂下者，称华头子。在最上一层栱或昂之上，与令栱相交而向外伸出如蚂蚱头状者称耍头。在各跳横栱之上均施横枋，在柱头中线上者称柱头枋。在令栱上者，外跳称橑檐枋，内跳称平棋枋。在内外跳慢栱之上者称罗汉枋。

在古文献里，《论语》有臧文仲的"山节藻棁"，《鲁灵光殿赋》有"层栌磈垝以岌峨，曲枅要绍而环句……"之句；这些无疑的都是形容斗栱的文字。自汉代起，在墓阙、壁画、明器上，随处可以见到斗栱之施用，而且可以看出在此时期，斗栱之结构，已极臻成熟之境，而成为中国系建筑最主要而且独有的特征，数千年来，直至今日。

汉代遗物之中，壁画及明器两种在部分的比例及绘塑上都不甚准确，所以仅能借以知斗栱之存在；至于其权衡大小，却须在墓窟及墓阙上去寻觅。墓阙上所见许多的斗栱，在形式的表现上均相当地忠实，其结构率多简单，以一栌斗一栱承两散斗，但到东汉之末，则栌斗之下有形似侏儒柱的小块出现，其上亦有小块，略如耍头至于卷曲的栱在实际上是否可能，尚是待证的疑问。

在云冈及天龙山保存下来有许多六朝石窟前的石刻廊子。这时期的特征是一斗三升及人字形补间铺作之出现。唐代斗栱的形制，在西安慈恩寺大雁塔门楣石上有极详细的画刻。斗栱的结构渐趋繁杂，上下成双层，向外亦出两跳。补间斗栱下层用人字形栱，上层用短柱。到唐中叶以后，这人字形补间斗栱便退出了建筑的场面，而只剩下短柱。唐代实物，国内现已无存[①]，幸在日本奈良及其他地方，尚留下不少东渡高僧的遗作，如招提寺金堂便是鉴真法师的手迹。

至北宋初年便有木构的实物留存至今。敦煌有一两处年代可考的木廊，

---

重建于辽代的独乐寺观音阁。可见其斗栱雄大。据说"独乐"这寺名还和安禄山起兵反唐有关，这里就是起兵的宣誓地点，宣称独乐不如与民同乐，所以寺庙得名独乐寺。

可惜廿余年前的摄影人不知其重要，只将不完全的一角给我们寻味。至于这三间可贵的窟廊今日是否仍存在，恐怕已成疑问了。

其次最古且最重要的宋代木构便是蓟县独乐寺观音阁。这座建筑物尚富有唐代遗风。但较之大雁塔门楣石刻，其层数跳数均增加一倍。补间人字形斗栱已不复见，而在短柱之上做成补间斗栱，虽然尚极简单，却已较唐代为复杂，而且上檐补间斗栱已向外出跳，平坐补间斗栱且与柱头斗栱同样的复杂，同样的大小了。

观音阁斗栱有几点最值得注意。（一）斗栱雄大，约合柱高之半。比后世的斗栱大竟数倍；（二）柱头斗栱为结构之中坚部分，补间斗栱比较小而简单；（三）华栱每隔一跳，方施横栱，如大雁塔石刻形状，《法式》称为"偷心"者，至元、明以后便不复见；（四）昂之初见。观音阁的昂是遗物中最古者[①]，其结构简单；前面斜杀无曲线，后尾压在梁下，使全部成为有机的构架。全阁的斗栱，各因地位之不同，而异其形制，至为活跃。

辽、宋木构自观音阁以降，存者颇多。河北宝坻（宝坻现划归为天津）广济寺三大士殿的斗栱，后尾全偷心，至为简洁。山西应县佛宫寺木塔各层因地位及机能之不同，而异其斗栱形制。至于最简洁的斗栱，却没有比得上河北正定县文庙大成殿的；这殿颇有建于五代之可能，也许是中国最古的木构，但是文献无考，其准确年代还是个疑问。此外山西大同华严寺海会殿，柱头斗栱只出一跳半，而补间更只用一侏儒柱，全部简洁，为后世所无。

河北正定隆兴寺摩尼殿，在文献上没有宋以后重建的记录，由其斗栱权衡之大，布置之疏朗，各种特征推测，当是宋初乃至更古的遗构[②]。其斜栱之施用，已开金代建筑特征之先河。太原晋祠圣母庙正殿及献殿则为宋初的遗物，与摩尼殿颇多相类之点。

建筑学术至北宋哲宗、徽宗朝乃结晶而成《营造法式》。卷四大木作制度便完全是解释斗栱的做法的。这卷开章明义便是"凡构屋之制，皆以材为祖。材有八等，度屋之大小，因而用之"。八等材中，"第一等广九寸，厚六寸"；至"第八等广四寸五分，厚三寸"；其间各等大小有差，但其横断面的比例全是三与二之比；且均"各以其材之广分为十五分，以十分为其厚。凡屋宇之高深，名物之短长，曲直举折之势，规矩绳墨之宜，皆以所用材之分，以为制度焉"。

所谓"材"者，便是构成斗栱横栱之木材。由《法式》的文义上，我们可以推出"材"有两义。

---

① 此文写作于 1936 年，当时山西五台山唐佛光寺大殿及五台县南禅寺大殿尚未被发现。——编者注

② 1978 年库尼殿大修时，于内槽阑额及斗栱构件上，多处发现墨书题记，证明库尼殿建于北宋皇祐四年（公元 1052 年）。——编者注

（一）一种标准大小之木材，与横栱之横断面大小相同之木材，——就是八等材中之任何一等。

（二）一种度量比例的单位，以材之广称为"一材"，以材广十五分之一称为"一分"，其原则与罗马古典式"五范"（Five orders）之以柱径为一种度量比例的单位一样。到这时期，斗栱之权衡便进到一个束缚极严的地步，而中国建筑之步步坠落亦自此始。

北宋中末和金代的建筑，有嵩山少林寺初祖庵、大同华严寺大雄宝殿、善化寺三圣殿等。苏州用直镇保圣寺大殿形制似属宋初，大殿虽已拆毁，斗栱数朵却幸得保存在殿址新建的古物馆内。

在砖石佛塔之中，有许多完全模木建的。石的如泉州仁寿塔，及杭州闸口塔，在木型的表现上均极忠实。杭州六和塔内部斗栱尚完全无缺，使后人得见南宋初年的做法。涿州智度寺辽塔，完全以砖模仿木斗栱，但因材料的关系，权衡比木造的略笨拙一点。

自宋而后，中国建筑的结构，盛极而衰，颓侈的现象已发现了。其演变的途径在外观上是由大而小，由雄壮而纤巧；在结构上是由简而繁，由机能的而装饰的，一天天地演化，到今日而达最低的境界，再退一步，中国建筑便将失去它一切的美德，而成为一种纯形式上的名称了。

## 斗栱简说之元、明、清

元代的斗栱，在机能及形式上，还保存着不少的宋代遗意。斗栱与建筑物全部高度的比例，虽较小于宋式——例如河北正定县阳和楼，斗栱出两跳，自橑檐枋上皮至大斗下皮之高度适为檐柱净高之三分之一——然布置尚极疏朗，补间铺作仍仅两朵。在机能上，斗栱仍不失为负责的主要部分——例如阳和楼出双下昂，下一层昂虽由华栱出作假昂嘴，但上一层则为真昂，与要头同引伸，直挑斜上，以完成其杠杆作用；昂尾的结构也相当地简洁。

元代木构在国内各地保存者尚不少。除上述阳和楼外，如浙江武义县延福寺正殿斗栱，结构豪放；河北曲阳县北岳庙德宁殿斗栱则结构谨密；山西文水县圣母庙，及河北安平县圣姑庙，都是较小的建筑物，其斗栱则呈灵巧之状。至于山西赵城县广胜寺内多数的殿宇，在斗栱及梁架之运用上，颇有他处少见的特征。这许多的例子都明白地指示着中国建筑作风在这时期中正在经过一个急剧的转变。

自明代始，中国建筑上这种作风的转变便忽然更显著起来：斗栱的权衡骤然缩得很小，补间铺作的数目骤然加得很多。这种倾向以在北京的官式建筑为尤甚，虽然在离京较远的省县尚多有保存古风者。

1933年梁思成来正定考察古建筑时，对阳和楼给予高度评价，赞誉："与天安门端门极相类似，在大街上横跨着拦住去路，庄严尤过于罗马君士坦丁的凯旋门。"

这种作风最甚的例莫如河北昌平县明长陵裬恩殿，其建造虽早（永乐间建），但其斗栱之材宽只当柱径之八分之一（但这是一个少有的例外）；与之约略同时的北平社稷坛享殿（今中山堂，明永乐十九年建），及较迟的北平智化寺如来殿（明天顺间建）等，则柱径合材宽约四倍余，是这时代所较常见的比例。

在结构机能方面，明初的长陵及社稷坛殿上所用的下昂皆健全底直上挑起，充分地应用其杠杆原理；但至明中叶的智化寺，挑杆只由耍头引长，已失去原来的美德了。

在京城以外的建筑，如河北、山西各处所见，与元代建筑比较起来，竟有很难区别的；但与同时代京城的官式比较，竟判然似有一二百年先后的区别。

元、明两代建筑的则例尚无专书可查。其准确的权衡，尚须经过较久时间的研究，始能寻出通则。

清初的建筑显然是遵承明制的。至雍正九年颁布工部《工程做法则例》之后而中国建筑的作风乃达到一个停顿不变的地步。《工程做法则例》的规矩极其谨严，虽一钉一棹之微，其数目或比例都有定则，束缚匠师的创造力，不使有独出心裁的机会，致使有清二百余年间，官式建筑在形制上竟无丝毫的变化，酿成艺术史上一种罕有的现象。

明、清斗栱与宋、元斗栱比较，除去比例大小不同之外，在用昂的方法及用材的方法上都有显著的区别。宋、元及明初的昂，大多数是用一根直材，斜放在斗栱上，与屋顶成约略相同的角度，以承托内外的槫子。清式的昂则只指外面斜尖向下的昂嘴而言，不论后面有昂尾挑起与否，前面皆可做出昂嘴形，由平置的翘（宋称华栱）身伸出；若有昂尾，前半亦是平置，只将后尾挑起；所谓昂者，乃非健直的一材，而是曲折的。这种做法不唯是用料极不经济，而且因木纹的关系，是违背木材的力学原则的。至于昂尾一端，最初本是极简洁地承托在梁下或槫下的，越到后来便越复杂起来，重层垒叠着，其本身竟成为一种不必需的累赘。

在用材方面见宋式以单材为主，唯有在某种特殊的地位上始用足材；

而且"材"之用不唯在斗栱上，在建筑物中其他部分上，"材"也是一种极重要的标准大小的构材。宋式将材之广分为十分，以十五分为材之高；材与材之间，用斗垫托空隙的高度，高六分，谓之"栔"。高与一材一栔（廿一分）相等者谓之"足材"。除去华栱及柱头中线上的泥道栱、慢栱外，其余各栱，柱头枋，及各素枋如罗汉枋等等，均用单材；材间栔高的空隙，用灰泥填塞。明、清式则不然，其用材以宽一斗口（材之宽，即十分）、高二斗口（材宽之倍，即二十分）为标准；各翘（华栱）昂及正心瓜栱（泥道栱）、正心万栱（足材慢栱）皆用这足材，而里外拽各栱则用高一·四斗口的单材；柱头中线的正心枋（柱头枋）及各跳上的拽枋（素枋）等，皆为足材。明人显然以高廿一分（十五分加六分）的足材不便于计算，故改作两个"斗口"；但同时三才升（散斗）的斗耳斗底（及耳歙）的高度仍为六分（○·六斗口），故将单材的高度减去六分而成一·四斗口。这种比例，在清《工程做法则例》里叙述得很清楚。各柱头枋既用足材层层相叠，其间不用斗垫托，全部逐呈现笨拙的形状。这也是因为清式斗栱全部的权衡日益缩小，各枋若仍用单材，将使斗栱纤弱更甚，故其改用足材，也是在演变中补救自身缺点的一种办法。

清式斗栱的各部权衡，以"斗口"（即材宽）为单位，大致与宋式相同；但因宋式材宽约为柱径之三分之一，而清式材宽为柱径之六分之一，故在全部建筑物上，清式斗栱比例渺小，自不甚远的距离，便不能使观者感到其存在。

昂尾的结构到清式已成为纯装饰的不必需的累赘。在头翘内端饰以麻叶头，各挑杆尾端饰以三福云，各层昂尾间的梢子亦见装饰化。至于昂尾上端甚至有用花台科承托者。斗栱之出四十五度斜栱者虽始于辽宋之际，但是当时的匠师恐怕没有想到它能变化成为北海陟山门内桥头牌楼上的做法。

由结构的观点上看，清式斗栱只余柱头科及角科尚可勉强称为结构部分，平身科只是纯粹的装饰品。斗栱原始的功用及美德，至清代已丧失殆尽了。

由历史的眼光看来，这是个应当复兴的时代，若不然，这个系统的建筑便已到了他的末日了。我们虔诚地希望今日的建筑师不要徒然对古建筑做形式上的模仿，他们不应该做一座座唐代或宋代或清代的建筑。我们的建筑是有悠久的历史背景的，但在今日却受了西方的影响；我们今日的建筑如何能最适合于今日之用，乃是建筑师们当今亟须解决的问题。

# 四、琉璃瓦简说

在欧洲建筑中，屋顶部分向来被认作一种无可奈何，却又不可避免的不美观部分。历来建筑师对于屋顶，多是遮遮掩掩，仿佛取一种家丑不可外扬的态度。所以欧洲建筑物，除去少数有穹隆顶者外，所给人的印象大多不感到屋顶之重要。中国人对于屋顶的态度却不然。我们不但不把它遮掩，而且特别标榜，骄傲的、直率地将它全部托起，使成为建筑中最堂皇、最惹人注目之一部。在较重要的建筑物如宫殿庙宇之上，且用釉瓦铺宜，在屋顶构架之重要关节或枢纽上，更用脊条吻兽之类，特加顿挫。其颜色则有金黄碧绿，乃至红蓝黑紫等色，颇富于装饰性，且坚强耐久。除屋顶外，如门窗墙壁，以至影壁牌楼等等，亦常用琉璃建造。琉璃瓦之施用，遂成为中国建筑特征之一。

琉璃为一种有光彩，不渗水的釉质，施于陶体而成琉璃瓦。其伸展力强，然若烧制得宜，则亦不易剥蚀或碎裂。其成分由二氧化矽（$SIO_2$）及其他金属氧化物等混合烧制而成。宋《营造法式》卷十五所述之成分"凡造琉璃瓦等之制，药，以黄丹洛河石和铜末，用水调匀，冬月以汤。……"琉璃之命名《汉书》作"流离"，言其流光陆离，又作"火齐"，与火珠同名。胡肇椿《琉璃辨》谓："《内典外典》中初亦作流离……或作吠琉璃、毗琉璃、转头梨、吠琉璃耶，……碧流离，梵语作 Vaidurya……"又 Bushell《中国美术》亦谓"琉璃，乃碧琉璃及番琉璃之省称，为梵文

　　绿琉璃瓦主要用于王府，图中为恭亲王府，但不管什么颜色普通老百姓是严禁使用琉璃瓦的。

　　在明代皇家寺院、敕建寺院一般使用黑色琉璃瓦，因为黑色琉璃瓦象征着神圣和庄严、权势和高贵。

Vaidunya 之译音。"

琉璃之在欧洲，古希腊时已常用作屋顶，在中国则汉代尚极珍贵。《西京杂记》载汉高祖斩白蛇剑，杂侧五色琉璃为剑匣。昭阳等殿以琉璃为窗扉屏风等。其用于屋顶，也许始于北魏。《魏书·西域志》："大月氏国于世祖时，其国人商贩至京师，自云能铸石为五色琉璃。于是采矿山中，于京师铸之。既成，光泽乃美于西方来者。乃诏为行殿，容百余人。光色映彻，观者见之，莫不惊骇，以为神明所作。自此中国琉璃遂贱，人不复珍之。"唐代琉璃瓦屋顶之用更多。杜工部诗"碧瓦朱甍照城郭"；崔融《嵩山启母庙碑》"周施玟瑉之橡遍覆琉璃之瓦。"宋庆历间建开封铁色琉璃八角十三层塔，高五十八公尺，现仍瓠棱闪烁，完丽无缺。由宋、元而明、清，琉璃瓦屋顶更成为尊贵建筑物必不可少的材料，谨慎将事。在尺寸上较以前更加增大。正吻一只可重至七千三百斤，值银一百八十余两，用铅六百五十两。上吻时并须迎吻，祭吻，簪花，披红，典制极为繁重。

清代对于琉璃颜色之使用亦有规定。常用者有黄、绿、黑、蓝、青、紫、翡翠等色。宫殿门虎、陵庙覆黄琉璃瓦。府第如亲王府正门、寝殿均用绿色琉璃瓦，正殿并得安螭吻。世子、郡王、贝勒等府同。公侯以下官民房屋，无琉璃瓦之规定。仅二品以上官正房得立望兽。限制颇严。此外屋面又有用不同颜色琉璃瓦覆盖者。如纯黑筒板瓦界以深绿或纯黄的脊吻勾滴等。在苑囿游观等殿阁屋面上，有时又用三数种颜色如紫蓝白绿翠等筒板瓦做成各种花样，如盘长方胜等。但颜色之用，亦有时变更；如祈年殿三覆檐，原系上青，中黄，下绿，三色互异；后乃改用一色纯青以象天。地坛则仅坛四周砌黄瓦以象地，正殿等均同。先农坛日月坛等用绿瓦。社稷坛拜殿戟殿等，则用黄瓦。

琉璃瓦既用于屋顶，则瓦之形式与结构须视屋顶而定。屋顶式样，约可分六种：即虎殿、歇山、挑山（或悬山）、硬山、卷棚、攒尖诸式。庑殿有五脊四坡。歇山即在庑殿顶两端加两山。庑殿歇山皆用于大建筑物，或作单檐，或作重檐。凡悬山、硬山等俱五脊二坡，山墙直上者为硬山，其垂脊搏缝等探出山墙面者为悬山。凡屋顶无正脊用蜷蝈筒板瓦者即卷棚式。

　　天坛中绝大部分建筑覆盖的都是蓝色的琉璃瓦，那是天的颜色，表示对天的礼敬。据说蓝色琉璃瓦是最难烧制的，因此全国成规模的覆盖蓝色琉璃瓦的古建也没几座，只有天坛这里是完整的。

亦有四角或六角、八角的屋顶，垂脊攒聚尖上，冠以宝顶，如中和殿；或圆形屋顶，无脊，只筒板瓦向上渐小（即竹子瓦）聚宝顶下，如祈年殿，均为攒尖式。庑殿，歇山，攒尖，三式多用于重要建筑物。但歇山、攒尖二式屋顶亦可用于离宫别馆，点缀园景。挑山、硬山、卷棚则多用于次要建筑，如配房门庑等处。

琉璃瓦屋面瓷瓦均用板瓦及筒瓦。板瓦面微凹，扁而宽，相叠成垄，并比排列。筒瓦即半圆筒形瓦，盖覆板瓦左右两垄相接处。每垄至檐端则用滴水及勾头，勾头上加安帽钉，帽钉路数有规定。屋面两坡相交处，如在里转（阴角），则加水沟瓦，谓之沟筒，沟筒之上即接每坡之筒板瓦。筒板瓦尽头处所用为斜角之羊蹄勾头及斜盆沿。如在外转，则两坡相接处以特形瓦件遮盖压护。因地位不同遂有正脊、垂脊、戗脊，或岔脊、角脊等区别。在重檐腰部用重檐搏脊，歇山两山，用两山搏脊。卷棚两边用罗锅垂脊或箍头脊。

正脊与垂脊相交处，殿座用正吻，城楼门楼用脊兽。如用正吻，并有吻钩、吻索、吻锯、索钉等附属零件。重檐下檐搏脊及角脊相交处则用合角吻或合角兽。垂脊或角脊、戗脊之前有垂兽或戗兽等兽头。兽头之前有走兽、仙人；仙人之下，托以方眼勾头、撺头、揣头，及螳螂勾头。而垂脊骨干的仔角梁梁头，由瓦下伸出，上施套兽。套兽及螳螂勾头之间立遮朽瓦一块，以免连檐头腐朽。走兽用法，按例数要成单，但亦有例外，如太和殿便用兽十件。走兽行列有一定次序，由仙人数起为（一）龙；（二）凤；（三）狮子；（四）天马；（五）海马；（六）狻猊（suān ní）；（七）狎（xiá）鱼；（八）獬豸（xiè zhì）；（九）斗牛，（十）行什。但据实测结果其排列次序常有出入。且多系海马在前，天马在后，如太和殿上檐走兽之次序为一龙，二凤，三狮子，四海马，五天马，六狎鱼，七狻猊，八獬豸，九斗牛，十行什。走兽少于十件者，则按次序之先后用其在前者。至于硬山墀头搏戗檐及列角各瓦件亦均有一定形式，尺寸，比例，名称，兹不赘述。至于房座用瓦，按上述地位及功用，计可分作下列九款：（甲）正脊，（乙）垂脊，（丙）戗脊，（丁）两山搏脊，（戊）重檐下檐搏脊，（己）重檐下檐角脊，

　　太和殿上的走兽。它的走兽是最多的，有十个，其他宫殿的走兽最多九个，没有超过太和殿的。

　　从右往左的顺序为：骑凤仙人、龙、凤、狮子、天马、海马、狻猊（suān ní）、狎（xiá）鱼、獬豸（xiè zhì）、斗牛、行什。

（庚）瓷瓦及夹陇，（辛）硬山墀头梢子，（壬）琉璃搏缝。各款算例原载梁思成先生《营造算例》第十一章第三节。今转录为附录一。

琉璃瓦大小比例，均有标准尺寸，分作十样。按《大清会典》康熙二十年议准："琉璃砖瓦大小不等，共有十样，内第一样与第十样，原无须用之处，……"故今匠人所用琉璃尺寸，第一样与第十样均付阙如，只有二样至九样。今将尺寸表按各种手抄及实测尺寸加以改正为附录二。

本集为求材料之专一，故限于清式屋顶琉璃瓦作。至于其他各时代屋顶瓦件，他种琉璃，瓦件，如无定例琉璃瓦件等，以及青瓦（即小式）屋顶瓦件，容当另集分述。

# 五、柱础简说

柱础即柱下基础，名称的本身便是很明显的自释，毋庸赘说。柱础主要的功用在将柱身集中的荷载布于地上较大的面积。我国建筑结构自古即以木料为主，而柱础却均以石，因石质既可防潮，且高出地面，可免柱脚腐蚀或碰损之虞。因为地位冲要，易引人注目，所以础石遂成为艺术家施展其伎俩的好田地，在形制及雕饰上，均给匠师以无限制的可能性。

柱础之名起源甚早，如《墨子》"山云蒸，柱础润"等。宋《营造法式》所载柱础之名有六：

一曰础，二曰礩，三曰碣，四曰磌，五曰磩，六曰磩，今谓之石碇。清式所谓柱顶之"顶"，殆即"碇"之讹。

柱础大约可分两部：其上直接承柱下压地者为础；在柱与础之间所加之板状圆盘为礩。其用法有二，有础无礩者，有两者并用者。

为求其坚固耐久并能隔断潮气，以救木柱之缺点故，柱础率用石制。

石制柱础之应用甚早。现在发现最早之例当推安阳殷墟出土之石础。殷墟E区发掘有矩形、凹形、条形等房屋遗址，尚存柱础甚多。《安阳发掘报告》第四期专刊《第七次殷墟发掘E区工作报告》谓："这次所见的柱础都是不加雕琢的天然石卵，大小却是差不多，它们的放置有的是埋在基面以下，有的是露在基面以上。"又谓地主何某说："从前起土时挖出许多大石卵，装几大车才运走了。"这种石卵当系我国最古础石之遗例。周、秦柱础虽尚难确知，然战国董安于治晋阳公宫之室，皆以铜为质。则此时柱础形制，当已达到极发达的程度了。

　　汉代础石式样由各种画像及实物上尚可窥知若干种，武梁祠石刻有做石卵状者，有做多层及类似覆盆者，汉墓砖柱及郭巨祠则有做反斗式者。上举数例式样俱极简朴，与后世作风迥然不同。然而是础抑是礩，尚难辨别。至六朝佛教大倡，艺术上增加了新动力，虽一柱础之微亦莫不有意外进展。除常见之覆盆（即础形如盆覆地上之谓）等式外，又有人物狮兽等样式，须弥座及莲瓣亦俱见应用，其中比较通用的，以莲瓣为最多；而这时期的莲瓣比较是覆盆很高而莲瓣狭长的。唐代柱础就各种壁画图像及石刻等所见，覆盆式似仍最通行，其上或铺莲瓣，唯莲瓣较前略肥短。

　　宋代遗物既渐多，更有《营造法式》一书之流传，其卷三造柱础之制：

　　造柱础之制：其方倍柱之径。谓柱径二尺，即础方四尺之类。方一尺四寸以下者，每方一尺，厚八寸；方三尺以上者，厚减方之半；方四尺以上者，以厚三尺为率。若造覆盆，铺地莲花同，每方一尺，覆盆高一寸；每覆盆高一寸，盆唇厚一分。如仰覆莲花，其高加覆盆一倍。如素平及覆盆用减地平钑、压地隐起花、剔地起突，亦有施减地平钑及压地隐起于莲花瓣上者，谓之"宝装莲花"。

　　此外如雕刻狮人或层层叠涩者亦多。狮形雕饰柱础，当来自印度，中国常见之状，则有以背驮柱者，有曲伏柱侧者。河南汜水县等慈寺柱础刻数狮相扑做戏更觉生趣盎然，是比较少见的例。自宋而后，柱础花样愈多，然其雕刻庞杂，叠涩繁复者，多用于不甚重要之建筑物上；主要殿宇，则仍以莲瓣覆盆等为主。

明清以还，柱础图案崇尚简朴。京城主要官式建筑多用今日常见之古镜柱顶。此式柱础做法，按《营造算例》第七章石作做法：

柱顶见方按柱径加倍，厚同柱径。古镜高按柱顶厚十分之二。

这是大木作所用柱顶做法。其用于小木作者，如清《工程做法》卷四十八：

如柱径五寸，得柱顶石见方八寸。

是小式柱顶之宽应按柱径加倍八扣得见方。古镜之曲线系类似抛物线形。以古镜上面作顶点，徐杀至柱顶石的边缘。在北平官式建筑中，除主要殿宇之古镜柱顶外，牌楼柱础全系覆盆式，影壁及琉璃作之柱础则全用礩的式样（俗呼"马蹄撒"）。各因地位之不同而异其形制。

櫍或礩，古通作质，为柱与

河北正定隆兴寺大悲阁金柱覆盆式柱础。覆盆式柱础是最常见的柱础样式，因其像一个倒扣着的脸盆，被称为覆盆式。

山西五台山佛光寺东大殿的唐代宝装莲花柱础

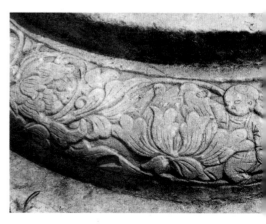

江苏甪直保圣寺大殿的宋代柱础：覆盆式雕饰牡丹化生图案

柱础间的过渡物。《说文》："櫍，柣也。柣，阑足也。楷，柱砥也。古用木，今以石。"又"锧，椹也。"则又有用金之质，其最初之形状若何及功用若何，颇难臆测。但其应用或较础石早。周代有定制；如《尚书·大传》"大夫有石材，庶人有石承"，郑注"石材，柱下质也"。其材料用石制者最多，但是现在仍有用木者。《说文解字·林诂》"楷"条载，段氏云，"余于道光廿九年冬见震泽梅堰镇显忠寺大殿柱下鼓石皆用枥木。"苏州某宅之碨，亦用木制，其形制极似《营造法式》卷五·大木作制度二之规定：

凡造柱下櫍，周径各出柱三分，厚十分，下三分为平，其上并为欹。上径四周各杀三分，令与柱身通上匀平（按分系指材厚十分之分）。

碨的功用，用石固不必说，即使用木，木纹平置，亦可防水分顺纹上升。若柱脚朽腐，既可用碨补救，碨本身若朽，亦可随意抽换。所以柱下用碨实在是一种聪明的做法。

碨的形状除上述外，尚有光平如板者，颇似埃及柱础；有类反坐斗式者碨下又有带覆盆者；有作鼓状者或与印度鼓式柱础不无关系。鼓式柱碨，在南方所见，形式尤多；有完全作鼓状者，有具鼓形而上加雕刻者，其下亦有承以覆盆者。在地理的分配上，北方碨低乃至不用碨，南方则碨高，愈往南则这倾向愈显著，盖因地方气候的关系，为避免潮湿及虫蚀计，不得不尔。

碨的位置既居柱与础之间，其用法又那样富于伸缩性，所以用碨的方法及动机也有许多不同的。例如宝坻广济寺三大士殿里有一根内柱，下段约一米，用的是圆筒形的石，介乎柱与础之间，这段石虽然没有疑问的是柱脚腐朽后加补的"柱脚"，但在地位及功用上无疑的可称为碨。又如角直保圣寺前殿，也有权衡颇高而形似覆斗者，无疑的也是同样情形下的产品。至于叶昌炽《语石》卷五谓："元氏县开化寺白玉柱础有题名两行，沈西雍考为北周刻，莫古于此"，同书又说"北海李秀碑，断为柱础六"，然则元氏柱础又焉知不是残碑改刻的。柱础柱碨中往往多含有许多浪漫的史迹的。

柱础之施雕琢者，类皆重要建筑，雕楹玉碣，不是通常人所能用的。《图书集成》载宋制，"非宫室寺观，毋得……雕镂柱础。"即如本集取材多数均采自寺观，仅一二版采自居民。不过明、清以后宫殿庙宇亦多不施雕饰。

宋代或以前柱础雕刻制度，按《营造法式》所载，分为四种：剔地起突、压地隐起花、减地平钑、素平。剔地起突将石深凿，剔出主题，全身突起，而以一面附于石面者。压地隐起花雕琢较浅，主题只雕起半面，且以浅代深，显出全部突起之幻象者。减地平钑，几如线道画，雕刻花样不起凸者，石面上花纹。素平是磨平不加花纹者。雕镂所用之花样按《法式》有十一品：

一曰海石榴花，二曰宝相花，三曰牡丹花，四曰蕙草，五曰云纹，六曰水浪，七曰宝山，八曰宝阶（以上并通用），九曰铺地莲花，十曰仰覆莲花，十一曰宝装莲花（以上并施之于柱础）。或于花纹之内，间以龙凤狮兽及化生之类者，随所宜分布用之。

海石榴花，花心作石榴形，或如安平圣姑庙所刻。宝相花清谓之宝祥花、牡丹花，大致与海石榴花同；但宝相花四周射出尖瓣，牡丹花花瓣肥满。蕙草，殆即清式所谓卷草。云纹，在《法式》中虽有曹云、吴云之别，但没有明白解释。但清式却有流云、铺云之别。流云见定县旧考棚柱础鼓石上之流云百福，铺云则有曲阜孔庙内柱柱础，都是很好的例。水浪或龙水见长清灵岩寺大殿宋代柱础，与《法式》所绘极相似，雕工布局，俱极精美。至于宝山宝阶，或为山状阶形诸样式，尚未得见实物。而莲花柱础，实最普遍。莲瓣之应用于建筑装饰当随佛法而传播。而其源始肇自希腊，大概是没有多大疑义的。在早期佛教建筑上，枭混则饰以莲瓣，与希腊 egg and dart 相似。柱础之上施用尤多，且多精品。易县开元寺毗卢殿柱础所刻之铺地莲花，简练之致，尚具唐风。寺创于唐开元间，柱础殆是唐代遗物。甪直保圣寺大殿等，亦系铺地莲花或覆莲。修武县文庙之础石以仰覆莲而作，须弥座之一部。安国县三圣庵柱础，颇似仰莲，唯瓣上雕作如意头状。曲阳八会寺大殿柱础及赵县宋村等柱础，莲花之每瓣隐起两瓣，为宝莲或合莲。又有所谓宝装莲花者，花瓣上更铺雕饰；如大同上华严寺大殿及霍县县政府大堂等柱础所刻都是佳例。吴县甪直镇保圣寺古物馆所存原大殿柱础多件，尤为精美。这种宝装莲瓣至明、清间做法便渐归一致。无论在柱础、须弥座，乃至天花上均可用，即清式所谓八大满（又作巴达马）者是。柱础的地位既如此的冲要，机能既如此的合理，而性质又如此的富于伸缩性，所以柱础的形制或雕饰，因时因地各有不同，而成为建筑物中最富于趣味的一部分了。

# 六、外檐装修简说

"装修"是房屋上一切门窗户牖等小木作的总名称。在屋里的称"内檐装修"；露在房子外面的称"外檐装修"。本集题材就以外檐装修的隔扇为主。

我国修造房屋多先用梁、檩、枋、柱等大木作做成骨架，然后即在枋柱间安装门窗槛框等物。在外檐柱间的称"檐里安装"，在廊子里面金柱间的叫"金里安装"。门窗可以随意大小，不受限制。槛框是门窗的架子，附着在枋柱上，尺寸较大，因地位不同，计有下槛、中槛、上槛、风槛、榻板、抱框、间柱等件。

下槛、中槛、上槛是在柱与柱间的三道横木：下贴地面的是下槛；上接檐枋或金枋的是上槛；上、下槛间即是安门窗的分位。若是上、下槛距离太大，则须在中间更用槛一道，即是中槛，又称挂空槛。在这种情形之下，上槛，又称替桩，中槛亦可称之为上槛。替桩与中槛间若用窗则叫作横披窗，若用板则为走马板。在门窗两旁靠柱处所用立木，叫作抱框或抱柱（宋称槫柱）。横披上所用较短的抱框称短抱框。间柱则是用在面阔较大的开间上，作分间用。在支摘窗装修上可以常看到间柱的用处。

窗下有砌墙者，此矮墙为槛墙。槛墙上平安榻板。榻板上或施风槛，两侧立抱框。槛框之内安槛窗、支窗等。

门窗的种类，常用的有格扇、槛窗、支摘窗、横披、风门、棋盘门、屏门等。

格扇又作槅扇，宋叫格子门，古称阖扇。如《月令》"仲春之月，耕者少舍，乃修阖扇"，注云"门户之蔽以木者曰阖，以竹苇曰扇。"其做法是先做成木框，竖的叫边挺（清）或桯（宋），横的叫抹头（清），在外的抹头宋仍作桯，在内的则叫腰串。这木框之内可分三部；在上部作窗棂的叫槅心或花心，即宋式所谓格眼；下部用木板的叫裙板，即宋所谓障水板；在中部——槅心与裙板间——常有用狭木板的叫绦环板，即宋所谓腰花板。隔扇如特别高长，则在裙板之下或槅心之上也有加绦环板的。绦环板愈多则抹头亦愈多，所以在格扇里有四抹、五抹及六抹的分别。故宫太和殿的是六抹隔扇。颐和园扬仁风的格扇用抹头五根便是五抹格扇。以此类推则涿县普寿寺塔，格子门无腰花板应是三抹隔扇。像有的住宅装修用落地明造，连裙板也不用，便是二抹隔扇了。

在格心的做法上，有用一层格心的，有用两层格心的；一层的叫实屉或糊透；两层的叫夹纱或夹堂。故宫保和殿隔扇及中南海瀛台配殿的双交四椀菱花格心，俱有夹纱的做法。这种做法，在宋代称为两明格子，按《营造法式》卷七，"其腰花障水板格眼皆用两重"。清式则只将槅心做两重，其余绦环及裙板都是单的，其做法颇有不同处。宋式"格眼两重，外面者安定，其内者上开池槽深五分下深二分"，以便时常换糊纱或纸。

隔扇因为开合的关系，尚有些附属零件。做门轴用的有转轴，宋名搏肘。它是一根比边挺长的木料固定在边框后面，上入连楹，下入单楹或连二楹。当关闭时在外面有了吊等可加锁，在里面当每两扇合缝处用拴杆一条，上入连楹，下入拴斗内。拴杆宋名立楼，连楹宋名鸡栖木，拴斗即宋之伏兔。

格扇俱向内开，则挂帘子用之帘架遂安在外面。在北方天寒地冷常就帘架柽更安风门一道。帘架柽与风门间作四抹余塞罩腿窗，即宋截间格子门两旁泥道之类。帘架柽着地处有用荷叶礅的，亦有不用的。凡隔扇全用在重要建筑物的明间乃至次间上。在不重要的地方像库房或室内则多用棋盘门。棋盘门也有大边抹头等，不过外面全用光板碰起，较带棂隔扇坚牢。在垂花门或游廊花园等处又常用屏门——即用六七分厚乃至寸余的木板做的门；里外光平，非常雅肃。这二种门是俱属于格扇的。

窗古作囱🔯或。与牖稍有不同。《说文解字·诂林》囱部载：

在墙曰牖在屋曰囱，象形，凡囱之属皆从囱。

又据潘鸿及吴承志《窗牖考》上说在墙上而能开合的是牖，不能开合而在屋上的是窗，如天窗、烟窗之类。又谓经典上多言牖罕言窗。足见后来叫作窗的是古时的牖。而古时的窗不过是现在的天窗横披之类。

窗形式可考的在最早的实物上有汉明器及石刻等所表现的一点轮廓。在插图甲上排有作横披窗式的，窗内交木作各样斜棂。易县开元寺观音殿外檐横披也是有各样精巧的棂子，很有继承汉代式样的可能。在汉明器上插图甲上排又有作一排连续不断的小窗，横列墙上，与现代建筑上用成排的窗子同一式样。又有呈板棂状的。也有在墙上开作方洞或圆洞的窗，与荷载墙上所做的窗同。此类的窗在汉石刻及明器上最常见（参阅《中国营造学社汇刊》五卷二期《汉代建筑式样与装饰》）。安窗的方式在汉明器上，有的安在墙中，但是很多的是安在墙皮外面，好像是挂在墙上一样。这种做法在清式尚常见。六朝的外檐装修，有一较为特别的式样即魏李宪墓出土瓦屋。外檐墙面全用板棂安装。板棂两旁各开门一。板棂的装置又像窗又像栅栏，也作墙壁的用途。可说是后来少见的一种装修。

在唐、宋以前，以至现在南方等处，无论在实物上，图画及文字上俱可找到一种最通用的窗，即破子窗或板棂窗，这两种窗结构一样，仅棂子稍有不同。窗上有额（即清之上槛或挂空槛，板棂窗上亦作腰串），下有腰串（即清式风槛榻板之类），两旁有立颊（Jamb）。额及腰串俱入柱，柱旁有樽柱（即清之抱框）。窗四围余空处或安木板或用灰墙。如用灰墙则墙内须用横铃及立旌（Stud）。窗下如用障水板，则须在地栿（即下槛）及腰串间立心柱。也有下作槛墙的，宋名隔减坐造（按隔减恐系隔碱，清作群碱或群肩）。

宋代的窗按《营造法式》小木作制度所载有四种：即破子棂窗、睒电窗、板棂窗及阑槛钩窗。破子棂、睒电①、板棂窗俱载小木作制度一。其结构已如上述。睒电窗高二尺至三尺，每间广一丈，用二十一棂。施之于殿堂后壁上或山壁高处。板棂窗高二尺至六尺，每间广一丈，用二十一棂。大致同破子棂窗，仅大小及棂子有异。破子棂窗高四尺至八尺，如间广一丈，用一十七板棂。破子棂系用方木一条，由对角线上解作两条，故云破子棂。破子棂尺寸较板棂大，窗亦高，多用在重要建筑物上。现在所知的唐、宋、元、明砖塔的窗几全用此式。嵩山会善寺唐净藏禅师身塔即其一例；唯其腰串尺寸甚大；《法式》上规定腰串大小与窗之额颊地栿等同厚，净藏塔所见则突出外面形同榻板。此外与清式槛窗相像的有阑槛钩窗，其与槛窗不同处就是下段仍用障水板窗外并加勾栏。障水板以上与清式同，亦有槛面板（即榻板）之类。在宋画上所见的窗，更有支窗落地明等做法，平棂等花样亦略同清式，兹不赘述。

明、清常见之窗，在宫殿寺观等处，全用槛窗或直棂窗，住宅多用支摘窗。槛窗做法同隔扇，仅将隔扇裙板以下部分做成槛墙榻板及风槛。直棂窗即板棂窗，俗称一马三箭或马蜂腰。章丘常道观之直棂窗在棂内衬以木板，板上并做圆洞，与直棂相映成趣。又有窗分作上下两段者；上段可以支起，下段可以摘下，此为支摘窗。支摘窗的做法多分内外两重，当外窗支摘以后，里面仍有较为疏朗的支摘窗一层，平时不开的；上扇糊纸，下扇安玻璃，普通每间多作支摘窗二槽，中间分以间柱（宋名槏柱）。后来因为玻璃广泛的应用，又有玻璃大框窗门，式样与现代店面所用的大玻璃

---

① 睒电窗的棂子像水波一样弯曲，或者说像闪电的样子，所以得名睒电窗。——编者注

南禅寺大殿的破子棂窗。破子棂窗的棂子断面是一个等腰直角三角形，直角向外。

直棂窗。直棂窗的木条断面近似于方形，竖向排列。

槛窗（四抹）。槛窗上的横向木枋称为"抹头"，它决定窗的高度和复杂程度，有二抹头、三抹头、四抹头、五抹头、六抹头等。

支摘窗。小说《水浒传》中潘金莲开的窗就是支摘窗，她在开窗时不小心把支窗的支子掉落，由此引出一段与西门庆的风流情事。

橱窗同。并有在大框上常加许多雕刻者，玲珑剔透的花纹，足以减轻木框的粗笨。

在槛窗或支摘窗的外面常有安固定纱屉一层的。纱屉又名飞罩，可以糊纱。南海瀛台配殿的纱屉是安在支摘窗外面。武义乡间某民居的纱屉及汾阳峪道河某民宅的纱屉则是安在槛窗外面。尤以武义某所见做法最为精练。

以上所述为外檐装修结构之大致情形。其详细部分如窗棂花心及裙板雕刻以及棂框起线五金配备等，亦有一定的做法。

窗棂是用细木条斗成的棂子，因为须糊纸或纱，棂子空当距离便有限制。纸和纱都是很轻的材料，棂子担负的力量极少，所以常做成种种不同的纹样。纹样大致可分作平棂及菱花两种；最简单的平棂当推直棂或板棂，破子棂；其次是斜或正方格眼；再复杂一点的是什锦窗，又称步步紧。每当棂子太空之处常加花头，如工字卧蚕花草方胜等。以上数种棂纹全平直不弯。拐弯的称拐弯纹，最常见式样是灯笼框；此外尚有冰裂纹、正卍字、斜卍字、亚字、盘长、回字、井口字等。又有圆框内作平棂或平棂内作方圆光者。又有将棂子做成各种写生花者，如故宫钟粹宫横披上的竹纹棂子是。平棂花样多不胜举，本辑所采三十余种式样只能述其梗概而已。

菱花是雕成的窗棂，等级算是比平棂高贵，常用在宫殿、寺观等最主要的地方。其应用亦甚早。像《楚辞》"欲少留此灵琐兮"，或"网户朱缀"，以及《图书集成》所摘录的《后汉书》梁冀传"窗牖皆有绮疏青琐"，何晏《景福殿赋》"棂槛邳张，钩错矩成"，以及何尚之《华林清暑殿赋》"网户翠钱"等等，全是形容菱花的文字。所谓"灵琐"或类似现在的冰裂纹，"网户"也许就是汉明器上的网纹一类的做法。"翠钱"系清式所谓眼钱，即菱花相交处之钉头状木块。四川成都某隔扇，所做菱花更是尽极"网户翠钱"之致。《营造法式》上所载球纹如四斜球纹格眼、四斜球纹上出条桎重格眼等式样，与北平香界寺球纹格眼非常相似。明清的菱花式样中常常有在一种菱花上兼做网纹球纹者。最常用的菱花当推双交四椀菱花、三交六椀菱花及三交灯球六椀菱花三种。常用的原故，是它的条桎俱直接有交代，并不太复杂。菱花中很多精细至极者，如汾阳崇胜寺、赵城广胜寺、北平中海及博爱县月山寺等处之菱花，都是不常见的妙品。

裙板种类亦多。赵城广胜寺后殿的裙板，恐属明以前物。涿县普寿寺塔球纹格子门上的裙板做成三槽并列，颇朴素。武义乡间某民居格扇裙板面与边框面平，此为裙板中之最简单者。

宋式边梃抹头等混作大约有六种，即法式所载之（一）四混中心出双线；（二）破瓣双混平地出双线或单混出单线；（三）通混出双线或单线；（四）通混压边线；（五）素通混；（六）方直破瓣。（一）及（五）不常见。（二）见北平景山隔扇。但清式常用另一种起线，却将《法式》第（二）种简单化，破瓣出混处改作方直破瓣，平地出双线处则代以刨槽。故宫保和殿格扇起线，即属此种，清称皮条线。

在考究一点的隔扇上，边梃与抹头相接处多用铜质铰钑龙单人字或双人字拐角叶，钉护起来。在框门的地方钉看叶。看叶上不用了吊而用凿花扭头圈子。普通的隔扇则仅用铁稜叶。

窗户采光的方法一向都是在棂上糊纸或纱。像《汉武故事》所说的琉璃窗、云母窗等只能算例外。"幂窗用纸""绮牖紫窗"都颇富于诗意。《辟寒》"杨炎在中书后阁糊窗用桃花纸，涂以冰油取其明暖"，更觉富有变化。现在我们发现了纸上涂油更有通过紫外光的好处。若不用纸糊窗而安玻璃，也有相当的优点，但不一定是处处咸宜。

隔扇一切名件尺寸，宋式见《营造法式》卷六、卷七，清式见《工部工程做法则例》卷四十一，除制为图版壹、图版贰外，并另表列后。其中须注意之点，则宋式装修各名件尺寸俱按门高定，门若高则用料大，门低则用料小。清式不按门高定装修名件尺寸，而按柱径大小定。图版壹所绘，宋清两式之门俱同高，以便比较。

# 七、藻井、天花简说

屋内顶棚有很显要的两种做法：藻井及天花。藻井或天花的功用，一方面是为装饰屋内（尤以藻井有关仪制），另一方面却是因为"彻上明造"的房屋，在望板椽檩等处容易挂灰落土，且室内温度难于调剂，所以用顶棚隔绝上下，其功用似仍以实用为主。中国营造学社历年调查所得藻井、天花等制作，颇多精品，甚值探讨，故辑为本集。

藻井的名词，我们以《营造法式》为根据。清式叫作龙井。古亦作天井、绮井、圜泉、方井、斗四、斗八等等。它同天花的区别在天花用木条相交做成棋盘式的方格，上覆木板；而藻井则用木块叠成，口径甚大，结构繁复，常用在天花中之最典重部分，如在宝座或神像的顶上，穹然高起如伞如盖。

藻井有特具的"上圆下方"的形制，其源始无疑的是模仿古代方形建筑物的结构来做室内装饰。这种结构是用抹角叠木的做法，如近代四角方亭及中亚细亚民居中溜结构，其用料可木可石，搭交处可免钉凿榫卯之难，可用较短材料得较长跨度，又可得室内最大高度，并在顶上可有天窗或烟囱分位。按天窗为古代某种建筑物所必者，如《工段营造录》载"古者在墙为牖，在屋为窗。"《六书正义》云，"通窍为囱，状如方井倒垂，绘以花卉，根上叶下，反植倒披，穴中缀灯，如珠帘复而出，谓之天窗"，《太山记》云"从穴中置天窗"是也。此天窗即后来藻井顶心之"明镜"。后世藻井的抹角叠木构造显然是古代这类建筑法的遗制，其顶心"明镜"竟可说是表示天窗的形象。这种形制之专用在顶棚最尊贵的地位，固然为其富于装饰性，然历代制度之相沿不变，同时固仍取其带着神圣意味。《新唐书》车服制"王公之居不施重栱藻井"便是这类阶级制度之遗意。

藻井在汉代已成为建筑中常见且形制已成熟的建筑部分：由《西京赋》"蒂倒茄于藻井，披红葩之狎猎"及《鲁灵光殿赋》"圜渊方井反植荷蕖"等句，可以略见一般，在实物上只有山东日照（？）某汉墓的天花上做成藻井形式，方法已觉趋于装饰化。敦煌及云冈两处的遗物是六朝隋唐藻井

北京智化寺智化殿内的斗八藻井

的最佳实例，尤以敦煌第一〇一窟正是"从穴中置天窗"的样式。第一〇三窟及云冈中部第五洞外室所具之藻井式样，与日照汉墓所做者同一方式，或为后世小藻井之初型，然在当时谓为天花板的彩画亦可，此种布局在后世天花板上变成圆光岔角花纹。

藻井之有详确做法，唯见于宋李明仲《营造法式》卷八小木作所规定者有斗八藻井及小斗八藻井两种。斗八藻井用在殿内照壁屏风前或殿身内前门的前面天花内。其大致做法：共高五尺三寸，分作上中下三段：下段方形称方井，方八尺，高一尺六寸；中段八角形称八角井，内切圆径六尺四寸，高二尺二寸；上作圆顶八瓣称斗八，径四尺二寸，高一尺五寸。在顶心之下施垂莲或雕花云卷，内安明镜。

元、明、清藻井，在实物上所见者，益趋细巧。在文献上尚未见有专述其做法制度者。就是清《工部工程做法则例》里，亦不过一见"龙井"之名。北平故宫太和殿藻井曾经详测，为盛清样式。

现存实物，藻井下段多用方井。间有不用者则必限于特殊情形，如应县佛宫寺释迦塔第一层藻井八角形，充满内室全部，便是一例。在方井之上，最早的做法，有用方井抹角叠置者，如汉墓、敦煌、云冈等处所表示者。亦有直接在方井之上安斗八者，如蓟县独乐寺观音阁藻井。普遍应用的做法多在方井之上用八角井，方井及八角井之间多施斗栱，不用者甚少，仅于云冈石窟中部第五洞内室藻井上见之，若八角井上，再用方井一层承托上部，与后世做法不同。至井间之用斗栱者，宋式做法斗栱较大，直承八角井。若如易县开元寺毗卢殿、大同善化寺大雄宝殿等藻井，则斗栱较小，且在方井之上置天花一段以接八角井。亦有在方井铺作之上做天宫楼阁以承八角井者。

八角井与方井形成之三角部分名为角蝉。按《营造法式》规定，角蝉四个且无斗栱。但是到后世，如明代的智化寺或是清太和殿角蝉兼具菱形及三角形，多至二十个，周围且施小斗栱，雕刻龙凤更极工巧。

八角井上多用斗栱，其上安置斗八。但年代较近的建筑物上，其藻井之八角井上有不用斗栱者，如智化寺等；有将斗栱部分归入斗八内者，如景县开福寺大殿、天龙山圣寿寺后殿等藻井俱是。

至于斗八，宋式俱作八瓣，背板上常作无数菱形小方格或施各种彩画。亦有作圆穹隆形层层叠涩而成者，砖塔内多用之，如定县开元寺料敌塔，吴县报恩寺塔等藻井俱是。其用木作者，如青浦县金泽镇颐浩寺大殿之藻井为一佳例。斗八到后世多作圆形，可名为圆井，且多用斗栱雕饰，如大同善化寺大雄宝殿及景县开福寺大殿等藻井。后者用斗栱层层旋入，中露龙首尤为罕见。明、清遗物，则圆

蓟县独乐寺观音阁上的平暗

太和殿顶部的平棋

井部分满刻云龙，更觉生动。

　　藻井顶心明镜，多作圆形，周置莲瓣或中绘云龙，此后则渐施雕刻，率作龙形。易县开元寺毗卢殿之明镜即其一例（此殿梁架年代恐古于藻井年代甚多）。明镜的范围越见扩大。明代智化寺万佛阁藻井的明镜至少占去八角井直径之半。故宫太和殿的明镜占去整个圆井的分位。所做蟠龙尤极生动，故清称藻井为龙井。盘龙口中悬珠自下仰视又像是明镜的另一做法。

　　实物中也有形式特殊，不拘成法者，如北平隆福寺大殿藻井，外圆内方，如制钱状。圆井作三重天宫楼阁，自上下垂。中心方井上亦刻楼阁，穷极精巧。《营造法式》卷二斗八藻井条引沈约《宋书》"殿屋之为圜泉方井兼荷花者，以厌火祥。今以四方造者谓之斗四"恐即此类的藻井。北平天坛皇穹宇平面系整个圆形，其藻井形式是他种建筑物中所少见的。

斗八藻井之外，尚有所谓小斗八藻井者，常用在屋内不甚重要地方，如四隅转角等处。按《营造法式》卷八小木作制度，小藻井高二尺二寸，分作上下二段：下段八角井，径四尺八寸；上为斗八，高八寸。顶心之下所施花样一如大藻井。在八角井铺作上并施板壁贴络门窗勾栏，足启后世藻井上施用天宫楼阁之制，实物如易县开元寺毗卢殿及应县净土寺大殿之小藻井，虽俱为佳例，然尚未见有贴络门窗之小藻井，如《法式》所规定者。小藻井之应用，后来甚随便，形式加多，如菱形六角等。其高度缩减，制作亦渐简单化。

离宫别馆或私人宅第，有用天花支条立排做成藻井之状者，如南浔小莲庄净香诗堀，中心方井作斗四状，无抹角做法，至为简洁，另备一格，颇觉雅素可取。天花较为实用，非如藻井之偏重仪式。其别名甚多，如承尘、重橑、平机、平橑、平棋、平暗等。在这些名词里含有两种做法：一种属于平棋类，一种是平暗类。

平暗多见于辽、宋实物中，后世比较少见，其做法极简单，用方椽相交做成小方格状，上盖木板。四周与斗栱相接处，有斜坡部分《法式》谓之峻脚。平暗小方格距离约为一椽二空。如作平暗，则须安峻脚椽，其椽有相交作格子形者，有竖排成长方条者，其详细做法载在《营造法式》卷五：

……其椽，若殿宇，广二寸五分，厚一寸五分；余屋广二寸二分，厚一寸二分，如材小，即随宜加减……若用峻脚，即于四栏内安板贴花，如平暗，即安峻脚椽，广厚并与平暗椽同。

蓟县独乐寺观音阁上层平暗，即属此种结构。椽，古作橑或辕。因疑重椽、平橑与平暗同属一类。此类实物，元以后即不多见。盖已变为木顶格。其下糊纸，故顶格为纸所蔽，自下不易觉察。顶格做法约为一椽六空。

平棋，清名天花，应用之处甚多。要之均为木板及支条合成。其造作及安卓方法今昔颇有异同。宋式做法，如做隔扇每段（即每扇）以长一丈四尺，广五尺五寸（即合一步架之长）为率，四周安桯（即清之贴梁），桯上钉背板（清谓天花板）。在桯内及背板面上用贴（清称支条）及难子，画作正方或长方形格子。其安卓方法是"平棋之上，须随槫栿用方木及矮柱敦桥随宜枝樘固济，并在草栿之上凡明梁只阁平棋，草栿在上承屋盖之重。平棋方（即清之帽儿梁）在梁背上……长随间广每架下平棋方一道。"但清式天花做法却较简单，约同宋平暗做法，仅方格较平暗的略大，系用同一大小支条做成，不分桯贴，仅在贴梁枋处之支条别名为贴梁。天花板并不连成一段做，乃按井口大小分块。天花不置于天花梁上面而贴在梁的旁面，天花梁只负天花一部分的重量，很大部分的重量则用挺钩引到梁架上去。清式支条的尺寸与宋贴的尺寸略约相等。

屋内所安之天花，其断面多为平顶式筝羊，但亦有四周用峻者，有尖形者，有蝼蝈形者，无一定形式。平面布置则可方可圆或六角、八角，要视建筑物形体而定。定兴慈云阁及武义延福寺大殿内上面中部用天花遮盖四周则用彻上明造，兼施并具，轻重得宜，是好方法。

平棋由外形上看多作棋盘式方格状，其安峻脚者常作长方形。若像云冈石窟顶部有的用斜角支条画作很典型的图案形式，虽较匠心别具但是后来的天花很少仿用的。方格的大小及与他部关系原无一定，不过就实物所见，年代愈早者方格愈大，年代愈近者方格愈小。明清的天花井数（即方格数）按斗栱攒当定，每一当计一路，进深面阔相乘得井数坐中。故宫太和殿明间中间用斗栱九攒，故井数亦九路。

天花上装饰部分，许多有趣，颇值探讨。

在支条交叉点，用提掞钉到帽儿梁上；提掞头遂露在外面，加上许多花样，像莲瓣等物。明清做法中常用的荷渠燕尾，殆即金属包镶的遗意，中心处的辘铲，即是钉头。

天花板上花样，云冈石窟内，常用飞仙莲龙等，在同一天花上掺杂排列，每种花纹均极写实不甚图案化。宋式花纹，按《法式》有十三品，其布局或方或圆已觉为一定程式所拘。唯方中贴络花纹尚多间杂互用。定县料敌塔内天花制作甚精，为宋式天花之佳例。其中有作龙纹者，尤觉动人。一九三六年夏，营造学社赴定县初勘时尚存，至一九三七年春复勘时已佚。洪洞火神庙天花年代虽较晚，但所用花纹之题材甚多且亦间杂应用。清式天花用在同一殿内者，多全部一式；各处所见，以圆光加岔角的布局为最多（此种图案当系由敦煌等处"梁枋间周施明镜"的方法变成），如故宫各殿均是。易县慕陵祾恩殿之龙纹天花，是比较少见的例。

除上述木条、木板构成的天花外，尚有满钉木板，而不用支条者，谓之海墁天花。有用纸印成天花纹样糊在棚上者，谓之软天花。住宅顶棚常用白纸或各色花纸裱糊。糊纸的顶架或用木顶格，或扎竹苇席，或秫秸架子等，无一定的规例。

陆

——

# 元明清故宫营造

# 元明清故宫营造

## 一、元

元室以蒙古民族入主中土，并迭西征，以展拓疆土，造成地跨亚欧之大帝国，华夏有史以来，幅员之广，无有能逾此者。元初，太祖十年克燕，初为燕京路，总管大兴府。世祖至元元年（1264 年），复曰"中都"。四年（1267 年），于辽、金旧城之东北创置新城，始迁都焉。九年（1272 年）改"大都"①，"京城右拥太行，左挹沧海，枕居庸，奠朔方，城方六十里，十一门②"。

大都正南门曰"丽正"，其内有千步廊，"可七百步，建灵星门，门建萧墙，周回可二十里，俗呼'红门栏马墙'。门内二十步许有河，河上建白石桥三座，名'周桥'，皆琢龙凤祥云，明莹如玉，桥下有四白石龙，擎戴水中甚壮。绕桥尽高柳，郁郁万株，与内城西宫海子相望。度桥可二百

---

① 元朝有三都：上都（位于今内蒙古自治区锡林郭勒盟多伦诺尔西北）、大都（北京）、中都（河北省张北县城北五十千米处）。——编者注

② 元大都呈正方形，南城墙设立有三座城门，分别是丽正门、顺承门、文明门；西城墙设立有三座城门，分别是平则门、和义门、肃清门；东城墙设立有三座城门，分别是齐化门、崇仁门、光照门；北城墙只设立有两座城门，分别是安贞门、健德门。——编者注

## 元上都遗址

　　从至元元年（1264 年）开始到 1358 年，元朝始终实行两都巡幸制度，大都（北京）是冬季的首都，上都（内蒙古多伦诺尔西北）是夏季的首都。元朝的皇帝每年二、三月份就从大都出发，历时近一个月来到上都，长达半年多的时间在上都处理国事、接受宗王贵族和外国使节的朝觐、避暑和狩猎，九月份草微黄时再从上都返回大都。"未暑而至，先寒而南""龙岗秀色常青青，年年五月来上京（上都又称上京）"便是元朝皇帝每年都驾幸上都的真实写照。

步为崇天门，门分为五，总建阙楼，其上翼为回廊，低连两观。傍出为十字角楼，高下三级；两傍各去午门百余步。有掖门，皆崇高阁。内城广可六七里，方布四隅，隅上皆建十字角楼……由午门内可数十步为大明门"，门后正中为大明殿，"殿乃登极正旦寿节会朝之正衙也，十一间，东西二百尺，深一百二十尺，高九十尺；柱廊七间，深二百四十尺，广四十四尺，

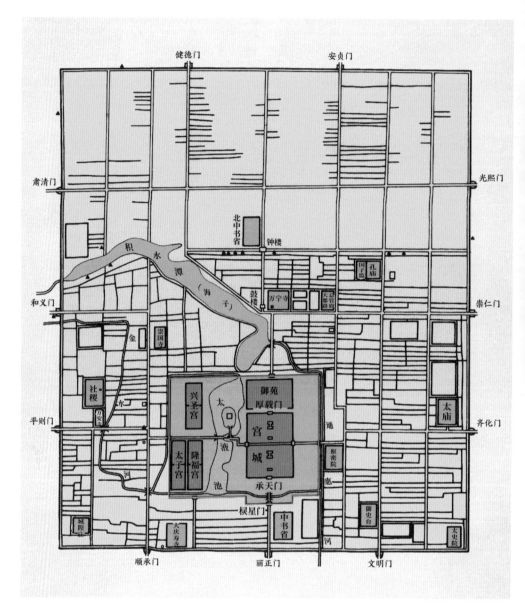

元大都布局复原图

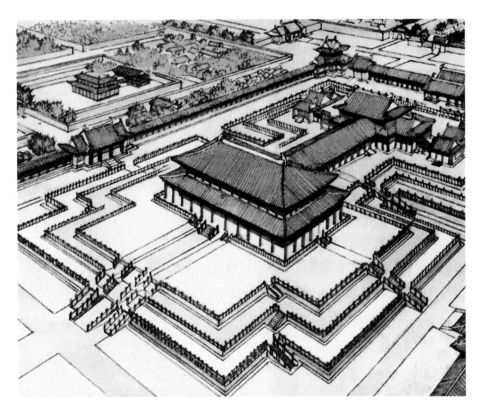

大明殿

高五十尺；寝室五间，东西夹六间，后连香阁三间，东西一百四十尺，深五十尺，高七十尺"。"殿基高可十尺，前为殿阶，纳为三级，绕置龙凤白石阑，阑下每楯压以鳌头，虚出阑外，四绕于殿。殿楹四向皆方柱，大可五六尺，饰以起花金龙云。楹下皆白石龙云花，顶高可四尺。楹上分间，仰为鹿顶斗栱攒顶，中盘黄金双龙，四面皆缘金红琐窗，间贴金铺，中设山字玲珑，金红屏台，台上置金龙床，两旁有二毛皮伏虎，机动如生。""大殿宽广足容六千人聚食而有余，房屋之多，可谓奇观。此宫壮丽富瞻，世人布置之良，诚无逾于此者。顶上之瓦，皆红、黄、绿、蓝及其他诸色，上涂以釉，光泽灿烂，犹如水晶，致使远处亦见此宫光辉，应知其顶坚固可以久存不坏"①。

"殿右连为主廊十二楹，四周金红琐窗，连建后宫，广可三十步，深入半之，不显。楹梁四壁立，至为高旷，通用绢素帽之，画以龙凤；中设金屏障，障后即寝宫，深止十尺，俗呼为挛头殿……殿前宫东西仍相向，为寝宫……宫后连抱长庑，以通前门"，其制略如前述。

寝宫以后，仍多殿阁，以处嫔嫱，其间多以栏庑连之，装饰之美，实难尽述；加以胡元来自沙塞，故金貂银鼠，往往藉为帐褥，内室装饰遂与历代迥异。

苑囿之胜，当首推太掖池之万岁山，即今北海琼岛是也。池在大内之西北，"广可五六里，驾飞桥于海中，西渡，半起瀛洲圆殿，绕为石城。圈门散作洲岛拱门，以便龙舟往来。由瀛州殿后，北引长桥上万岁山"。山高可数十丈，"金人名'琼华岛'，中统三年（1262 年）修缮之。其山皆以玲珑石叠垒，峰峦隐映，松桧隆郁，秀若天成。引金河至其后，转机遇，汲水至山顶，出石龙口，注方池，伏流至仁智殿，后有石刻盘龙，昂首喷水仰出，然后东西流入于太液池。出上有广寒殿七间，仁智殿则在山半，为屋三间。山前白玉石桥长二百尺，直仪天殿后；殿在太液池中圆坻上，十一楹，正对万岁山。山之东也，为灵囿，奇兽珍禽在焉"。

广寒殿在山顶，为全山最大之殿。东西一百二十尺，深六十二尺，高五十尺。重阿藻井，文石砌地，四面琐窗板密，其里编缀金红云，而盘龙矫蹇于丹楹之上。"左、右、后三面，则用香木凿金为祥云数千万片，拥结于顶，仍盘金龙殿，有间金玉花、玲珑屏台、床四、金红连椅，前置螺甸酒桌。高架金酒海，窗外为露台，绕以白石花阑。旁有铁杆数丈，上置金葫芦三，引铁链以系之，乃金章宗所立，以镇其下龙潭。凭阑四望空阔，前瞻瀛洲仙桥，与三宫台殿，金碧流晖；后顾西山云气，与城阙翠华高下，而海波迤迴，天宇低沉，欲不谓之清虚之府不可也"。

---

① 马可·波罗对元大都的繁华富庶的描述在欧洲引起了强烈的反响，教会认为他的书是凭空杜撰的。在他临终前，神父要他忏悔，承认书中说的全是谎话，但马可·波罗含着泪说："我所说的连我看到的一半还不到。"——编者注

# 二、明

　　明太祖奋起淮右，首定金陵，北上灭元，遂一天下。洪武元年（1368年），以应天府为南京而建都焉。"二年（1369年）九月，始建新城，六年（1373年）八月成。内为宫城，亦曰'紫禁城'，门六……宫城之外门六……皇城之外曰'京城'，周九十六里，门十三……后塞钟阜仪凤二门，有十一门。其外郭洪武二十三年（1390年）建，周一百八十里，门十有六"。

　　吴元年（1367年），吴王"新内城。正殿曰'奉天殿'，前为奉天门，殿之后曰'华盖殿'。华盖殿之后曰'谨身殿'，皆翼以廊庑。奉天殿之左右各建楼，左曰'文楼'，右曰'武楼'。谨身殿之后为宫，前曰'乾清

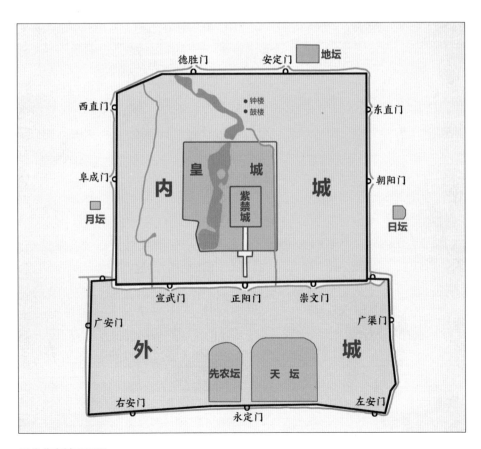

明代北京城平面图

宫'，后曰'坤宁宫'，六宫以次序列焉……皆朴素不为雕饰"。"时有言瑞州文石可甃地者，太祖曰：'敦崇俭朴，犹恐习于奢华，尔乃导予奢丽乎？'至洪武八年（1375 年），改建大内宫殿，十年告成，制度如旧，规模益宏，以后续有增建。迨燕王靖难变作，北兵南下，南都宫室，悉付劫灰。唯宫门殿座间有未坏，迄至今日犹有存者。仁、宣以降，屡敕兴建南京宫殿，稍稍修复，唯终不能重恢明初之旧观耳。

"成祖永乐元年（1403 年）建北京于顺天府，称为'行在'。四年（1406 年）建北京宫殿，修城垣。十五年（1417 年）改建皇城，略偏元故宫之东，十九年（1421 年）告成，即改北京为'京师'，宫城周六里一十六步，门八。皇城周一十八里有奇，门六。京城周四十五里，门九，实就元之大都，截其北而展其南而成者也[①]。成祖之营建北京，凡庙社、郊祀、坛场、宫殿、门阙制度，悉如南京，而高敞过之。中朝曰'奉天殿'……南曰'奉天门'，常朝所御也"。其后之华盖、谨身诸殿，乾清、坤宁诸宫，规划布局一如南京之旧。"其他宫殿，名号繁多，不能尽列，所谓千门万户也"。"宣宗留意文雅，建广寒、清暑二殿，及东西琼岛，游观所至，悉置经籍"。明北京宫寝，常罹火厄。当永乐十八年（1420 年）始成，而翌年前三殿即焚毁。又次年乾清宫亦灾。至英宗正统五年（1440年），始予复建。嘉靖万历年间，又两次灾而重建焉。

北京御苑之建，始于永乐。于京师南二十里修南海子。宣德间修琼岛，广寒、清暑二殿。天顺间（1460 年）乃新作西苑殿亭轩馆。即太液池东、西作行殿三，池东殿曰"凝和"，池西殿曰"迎翠"，池西南向，以草缮之，而饰以垩，曰"太素"。此外亭六，轩一，馆一。其后弘治、正德、嘉靖、万历间时或增益焉。

---

① 元朝末年北城因为失火全部被烧毁，又没有时间修缮，到明朝规划北京城时，便将元大都北城墙以南 5 里（1 里等于 500 米）全部废弃。也有说北城墙往南缩短 5 里是降元大都的规格，因为明朝初期的首都是南京。——编者注

# 三、清

清兵入关，当李闯焚毁之后，其宫毁一仍明旧而修葺之，制度规模，改变殊少。京城、皇城、宫城，并依原址，未曾稍易，仅诸门名称，略予变动耳。

内庭宫室，亦遵旧制，顺治二年（1645年）定三殿名。明之奉天、华盖、谨身，明末改称皇极、中极、建极者，至是遂称太和、中和、保和。后宫名称则少变动。并于是年修整诸殿，次年工成。

顺治十二年（1655年）重修内宫。康熙八年（1669年），敕建太和殿，南北五楹，东西广十一楹。十八年（1679年）太和殿灾。二十九年（1690年）重修三殿，三十六年（1697年）工成。至此大内修建，至清初已告一段落，诸宫殿皆经重修或重建，然无一非前明之旧规也。

乾隆三十年（1765年）重修三殿。自此以后，迄未改建，故今之太和、中和、保和三殿即是时修复之面目也。乾隆三十九年（1774年）敕建文渊阁于文华殿后，以为藏弁钦定四库全书之所，此今日文渊阁之肇始也。嘉庆二年（1797年），乾清宫交泰殿灾，是年重修，次年成之，以后未大修葺。

综观清代大内沿革，一切巨规宏模，无一不沿自明朝。然其修筑之宏，抑又不逮。康熙二十九年（1690年），诸臣等复奏云："查故明宫殿楼亭门名共七百八十六座，今以本朝宫殿数目较之，不及前明十分之三。考故明各宫殿九层，基址墙垣，俱用临清砖，木料俱用楠木；今禁内修造房屋出于断不可已，凡一切基址墙垣，俱用寻常砖料，木植皆松木而已"。两代营建，优劣之势，于此可见，唯满人颇能保守。综观清代，大工可数，火灾亦少。故能汇为大观，保存至今。然其规模之宏伟，已世无与伦比矣。

在乾清、坤宁诸宫两侧，复翼以十二宫。其制盖仿自明初。所谓乾清、坤宁，法象天地，东西辟门，象日月。左右列永巷二，每一永巷，以次列三宫，布为十二宫，则象十二辰也，清兵入关，修建宫室，顺治、康熙、嘉庆诸朝，十二宫亦皆经重修。

御花园在内庭坤宁宫之后，自成一区。其建置沿革，始于明永乐间，景泰、万历，迭予增筑，有清一代，革易极少。其间奇石罗布，佳木郁葱，古柏老藤，皆明代遗物，禁中千门万户，阁道连云，虽庄严崇闳，不无枯涩之感。独御花园幽深窅，与宁寿宫之乾隆花园及慈宁宫花园，并称胜境。

大内中宫及十二宫东西两侧，尚有宫阁多处，以其烦琐，遂不赘述。

明皇城内花囿凡三：曰南内，曰景山，曰西苑。南内在宫城东南，入清后，析为睿王府及佛寺民居。景山位于宫城正北，明清之际，变易较微，唯乾隆后始予改筑。唯西苑经顺治间略事修葺，并划西北隅为宏仁寺，后康熙继之，又营南海瀛台。二十九年（1690年）建团城承光殿。雍正中，建时应宫。其后乾隆、光绪二朝，复大事兴筑，遂至蔚成现状。

西苑在西华门之西，内为太液池，系玉泉从北安门水关导入，汇积而成者，周广数里，上跨长桥，修数百步，东西树坊各一，曰金鳌，曰玉蝀，桥之北曰北海，南曰中海，又南曰南海，是以有三海之目。

圆明园在挂甲屯北，距畅春园里许，康熙四十八年（1709年），赐为雍邸私园，镂月开云等即成于康熙末叶。雍正之初，又濬池引泉，增构亭榭，斯园规模略具。乾隆六巡江、浙，罗列天下名胜点缀于园；其中四十景，俱仿各处胜地为之。其后仿意大利巴洛克建筑及水戏线划诸法，营远瀛观、海晏堂等于长春园北，开中国庭园未有之创举，即俗呼"西洋楼"者是也。是项建筑率为教士所经营，钦天监何国宗 M.Benoit、王致诚 Attiret、郎世宁 J.Castiglione 辈实主其事，又于圆明园东南，包万春园于内，号称"三园"，统辖于圆明园总管大臣。同时复扩静明、静宜二园，因瓮山、金海之胜，筑清漪园，谓之"三山"，清世土木之盛，当以此时为最。

圆明园既焚于英法联军之役，同治间曾拟兴修未果。迨光绪十一年（1885年），孝钦后欲兴筑花囿，以备临幸，又议重修圆明园，旋罢其工程，而就清漪园修建，改名颐和园。光绪十四年（1888年）园成，凡动用海军经费数百万两。庚子之变，八国联军入都，颐和园并受残损，迨辛丑回銮，曾予大修焉。

颐和园在京城西北，距城可二十里，依万寿山围昆明湖以为之。入园有仁寿殿，其后为乐寿堂，即孝钦后寝宫。迤西临湖之北岸为排云殿，向为朝贺之所。殿后佛香阁屹立高壁上。阁后有琉璃殿曰"众香界"，盖万寿山最高处也。其他殿宇尚多，自山顶俯瞰，亭台楼阁，历历如绘。

热河行宫名避暑山庄，皇帝夏日驻跸之所也。康熙四十二年（1703 年）建，叠石缭垣，上加雉堞，如紫禁城之制，周十六里三分，南为三门，东及东北西北门各一。宫中左湖右山，极池馆楼台之胜。凡敞殿、飞楼、平台奥室，各因地形，不崇华饰，故极自然之妙。民国以来，久受驻军摧残，损毁殊甚。

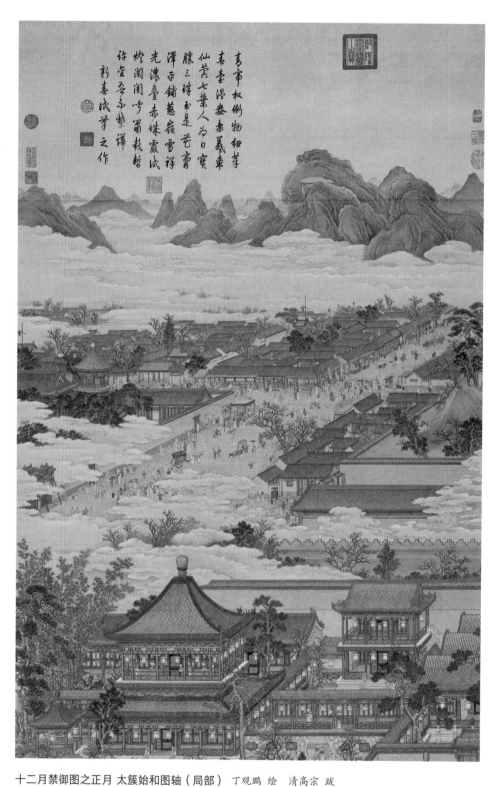

**十二月禁御图之正月 太簇始和图轴（局部）** 丁观鹏 绘　清高宗 跋

　　"太簇"对应元月。此画表现的紫禁城建福宫（西花园）中，正月初七各处悬灯结彩，喜迎良辰的情形。

柒

苑囿、离宫及庭园

# 苑囿、离宫及庭园

## 一、北海——北京城的发源地

在二百多万人口的城市中，尤其是在布局谨严，街道引直，建筑物主要都左右对称的北京城市，会有像北海这样一处水阔天空、风景如画的环境，据在城市的心脏地带，实在令人料想不到，使人惊喜。初次走过横亘在北海和中海之间的金鳌玉蝀桥的时候，望见隔水的景物，真像一幅画面，给人的印象尤为深刻。耸立在水心的琼华岛，山巅白塔，林间楼台，受晨光或夕阳的渲染，景象非凡特殊，湖岸石桥上的游人或水面小船，处处也都像在画中。池沼园林是近代城市的肺腑，借以调节气候，美化环境，休息精神；北海风景区对全市人民的健康所起的作用是无法衡量的。北海在艺术和历史方面的价值都是很突出的，但更可贵的还是在它今天回到了人民手里，成了人民的公园。

我们重视北海的历史，因为它也就是北京城历史重要的一段。它是今天的北京城的发源地。远在辽代（11 世纪初），琼华岛的地址就是一个著名的台，传说是"萧太后台"；到了金朝（12 世纪中），统治者在这里奢侈地为自己建造郊外离宫：凿大池，改台为岛，移北宋名石筑山，山巅建美丽的大殿。元忽必烈攻破中都，曾住在这里。元建都时，废中都旧城，选择了这离宫地址作为他的新城，大都皇宫的核心，称北海和中海为太液池。元的三个宫分立在两岸，水中前有"瀛洲圆殿"，就是今天的团城，北面有桥通"万岁山"，就是今天的琼华岛。岛立太液池中，气势雄壮，山巅广寒殿居高临下，可以远望西山，俯瞰全城，是忽必烈的主要宫殿，也是全城最突出的重点。明毁元三宫，建造今天的故宫以后，北海和中海的地位便不同了，也不那样重要了。统治者把两海改为游宴的庭园，称作"内苑"。广寒殿废而不用，明万历时坍塌。清初开辟南海，增修许多庭园建筑，北海北岸和东岸都有个别幽静的单位。北海面貌最显著的改变是在1651年，琼华岛广寒殿旧址上，建造了今天所见的西藏式白塔。岛正南半山殿堂也改为佛寺，由石阶直升上去，遥对团城。这个景象到今天已保持整整三百年了。

北海布局的艺术手法是继承宫苑创造幻想仙境的传统，所以它以琼华岛仙山楼阁的姿态为主：上面是台殿亭馆；中间有岩洞石室；北面游廊环抱，廊外有白石栏楯，长达三百公尺；中间漪澜堂，上起轩楼为远帆楼，和北岸的五龙亭隔水遥望，互见缥缈，是本着想象的仙山景物而安排的。湖心本植莲花，其间有画舫来去。北岸佛寺之外，还作小西天，又受有佛教画的影响。其他如桥亭堤岸，多少是模拟山水画意。北海的布局是有着丰富的艺术传统的。它的曲折有趣、多变化的景物，也就是它最得游人喜爱的因素。同时更因为它的水面宏阔，林岸较深，尺度大，气魄大，最适合于现代青年假期中的一切活动：划船、滑水、登高远眺，北海都有最好的条件。

## 二、团城——古代台的实例

北海琼华岛是今日北京城的基础，在元建都以前那里是金的离宫，而元代将它作为宫城的中心，称作万寿山。北海和中海为太液池。团城是其中既特殊又重要的一部分。

元的皇宫原有三部分，除正中的"大内"外，还有兴圣宫在万寿山之正西，即今北京图书馆一带。兴圣宫之前还有隆福宫。团城在当时称为"瀛洲圆殿"，也叫仪天殿，在池中一个圆坻上。换句话说，它是一个

1965 年的北京团城，团城正中的黄色琉璃铺顶的承光殿格外耀眼，在它的北面有一桥与琼华岛（岛上有白塔）相通。

1938 年金鳌玉蝀桥中南海一侧，远处的玉蝀牌楼、团城的墙垛依稀可见。在电影《邪不压正》中蓝青峰（姜文 饰）为阻止朱潜龙（廖凡 饰）在琼华岛诱捕李天然（彭于晏 饰），他们之间在桥上发生火并，这个桥就是金鳌玉蝀桥，图中可见玉蝀牌楼和团城。

1879 年左右的金鳌牌楼，位于桥的西端，东端是玉蝀牌楼。

1930年的团城承光殿内玉佛

岛，在北海与中海之间。岛的北面一桥通琼华岛（今天仍然如此），东面一桥同当时的"大内"联络，西面是木桥，长四百七十尺，通兴圣宫，中间辟一段，立柱架梁在两条船上才将两端连接起来，所以称吊桥。当皇帝去上都（察哈尔省多伦附近）[①] 时，留守官则移舟断桥，以禁往来。明以后这桥已为美丽的石造的金鳌玉蝀桥所代替，而团城东边已与东岸相连，成为今日北海公园门前三座门一带地方。所以团城本是北京城内最特殊、最秀丽的一个地点。现今的委屈地位使人不易感觉到它曾处过的中心地位。在我们今后改善道路系统时是必须加以注意的。

团城之西，今日的金鳌玉蝀桥是一座美丽的石桥，正对团城，两头各立一牌楼，桥身宽度不大，横跨北海与中海之间，玲珑如画，还保有当时这地方的气氛。但团城以东，北海公园的前门与三座门间，曲折迫隘，必须加宽，给团城更好的布置，才能恢复它周围应有的衬托。到了条件更好的时候，北海公园的前门与围墙，根本可以拆除，团城与琼华岛间的原来关系，将得以更好地呈现出来。过了三座门，转北转东，到了三座门大街的路旁，北面隘小庞杂的小店面和南面的筒子河太不相称；转南至北长街

---

① 今为内蒙古自治区锡林郭勒盟多伦县。——编者注

北头的路东也有小型房子阻挡风景，尤其没有道理，今后一一都应加以改善。尤其重要的，金鳌玉桥虽美，是东西城间重要交通孔道之一，但桥身宽度不足以适应现代运输工具的需要条件，将来必须在桥南适当地点加一道横堤来担任车辆通行的任务，保留桥本身为行人缓步之用。堤的形式绝不能同桥梁重复，以削弱金鳌玉蝀桥驾凌湖心之感，所以必须低平和河岸略同。将来由桥上俯瞰堤面"车马如织"，由堤上仰望桥上行人则"有如神仙中人"，也是一种奇景。我相信很多办法都可以考虑周密计划得出来的。

此外，现在团城的格式也值得我们注意。台本是中国古代建筑中极普通的类型。从周文王的灵台和春秋秦汉的许多的台，可以知道它在古代建筑中是常有的一种，而在后代就越来越少了。古代的台大多是封建统治阶级登临游宴的地方，上面多有殿堂、廊庑、楼阁之类，曹操的铜雀台就是杰出的一例。据作者所知，现今团城已是这种建筑遗制的唯一实例，故极为珍贵。现在上面的承光殿代替了元朝的仪天殿，是 1690 年所重建。殿内著名的玉佛也是清代的雕刻。殿前大玉瓮则是元世祖忽必烈"特诏雕造"，本是琼华岛上广寒殿的"寿山大玉海"，殿毁后失而复得，才移此安置。这个小台是同琼华岛上的大台遥遥相对。它们的关系是很密切的，所以在下文中我们还要将琼华岛一起谈到的。

# 三、北海琼华岛白塔

北海的白塔是北京的突出点之一，为人人所常能望见的。这塔的式样属于西藏化的印度"窣堵坡"。元以后北方多建造这种式样。我们现在要谈的重点不是塔而是它富于历史意义的地址。它同奠定北京城址的关系最大。

本来琼华岛上是一高台，上面建着大殿，还是一种古代台的形制。相传是辽萧太后所居，称"妆台"。换句话说，就是在辽的时代还保持着唐的传统。金朝将就这个卓越的基础和北海、中海的天然湖沼风景，在此建筑

## 北海琼华岛白塔

北海琼华岛上的白塔为藏传佛教塔，是北海的标志性景点。其高35.9米，上圆下方，须弥山座式，塔顶设有宝盖、宝顶，并装饰有日、月及火焰花纹，以表示"佛法"像日、月那样光芒四射，永照大地。

有名的离宫——大宁宫。元世祖攻入燕京时破坏城区，而注意到这个美丽的地方，便住这里大台之上的殿中。

到了元筑大都，便是依据这个宫苑为核心而设计的。就是上文所已经谈到的那鼎足而立的三个宫；所谓"大内"兴圣宫和隆福宫，以北海、中海的湖沼（称太液池①）做这三处的中心，而又以大内为全个都城的核心。忽必烈不久就命令重建岛上大殿，名为广寒殿。上面绿荫清泉，为避暑胜地。马可·波罗（意大利人）在那时到了中国，得以见到，在他的游记中曾详尽地叙述这清幽、伟丽、奇异的宫苑台殿，说有各处移植的奇树，殿亦作翠绿色，夏日一片清凉。

明灭元之后，曾都南京，命大臣来北京毁元旧都。有萧洵其人随着这个"破坏使团"而来，他遍查元故宫，心里不免爱惜这样美丽的建筑精华，不愿它遭到无情的破坏，所以一切都记在他所著的《元故宫遗录》中。

据另一记载（《日下旧闻考》引《太岳集》），明成祖曾命勿毁广寒殿。到了万历七年（1579年）五月"忽自倾圮，梁上有至元通宝的金钱等"。其实那时据说瓦甓已坏，只存梁架，木料早已腐朽，危在旦夕，当然容易忽自倾圮了。

现在的白塔是清初1651年——即广寒殿倾圮后73年，在殿的旧址上建立的。距今又整整300年了。知道了这一些发展过程，当我们遥望白塔在朝阳夕照之中时，心中也有了中国悠久历史的丰富感觉，更珍视各朝代中人民血汗所造成的种种成绩。所不同的是当时都是被帝王所占有的奢侈建设，当他们对它厌倦又任其毁去时，而从今以后，一切美好的艺术果实就都属于人民自己，而我们必尽我们的力量永远加以保护。

---

① 因白居易《长恨歌》中有"太液芙蓉未央柳"的诗句，所以唐以后皇家园林中的湖泊都以"太液池"为名。——编者注

# 四、鼓楼、钟楼和什刹海

北京城在整体布局上，一切都以城中央一条南北中轴线为依据。这条中轴线以永定门为南端起点，经过正阳门、天安门、午门、前三殿、后三殿、神武门、景山、地安门一系列的建筑重点，最北就结束在鼓楼和钟楼那里。北京的钟楼和鼓楼不是东西相对，而是在南北线上，一前一后的两座高耸的建筑物。北面城墙正中不开城门，所以这条长达八公里的南北中线的北端就终止在钟楼之前。这个伟大气魄的中轴直穿城心的布局是我们祖先杰出的创造。鼓楼面向着广阔的地安门大街，地安门是它南面的"对景"，钟楼峙立在它的北面，这样三座建筑便合成一组庄严的单位，适当地作为这条中轴线的结束。

鼓楼是一座很大的建筑物，第一层雄厚的砖台，开着三个发券的门洞。上面横列五间重檐的木构殿楼，整体轮廓强调了横亘的体型。钟楼在鼓楼后面不远，是座直立耸起、全部砖石造的建筑物；下层高耸的台，每面只有一个发券门洞。台上钟亭也是每面一个发券的门。全部使人有浑雄坚实地矗立的印象。钟、鼓两楼在对比中，一横一直，形成了和谐美妙的组合。明朝初年，智慧的建筑工人和当时"打图样"的师傅们就这样朴实、大胆地创造了自己市心的立体标志，充满了中华民族特征的不平凡的风格。

钟、鼓楼西面俯瞰什刹海和后海。这两个"海"是和北京历史分不开的。它们和北海、中海、南海是一个系统的五个湖沼。12世纪中建造"大都"的时候，北海和中海被划入宫苑（那时还没有南海），什刹海和后海留在市区内。当时有一条水道由什刹海经现在的北河沿、南河沿、六国饭店出城通到通州，衔接到运河。江南运到的粮食便在什刹海卸货，那里船帆桅杆十分热闹，它的重要性正相同于我们今天的前门车站。到了明朝，水源发生问题，水运只到东郊，什刹海才丧失了作为交通终点的身份。尤其难得的是它外面始终没有围墙把它同城区阻隔，正合乎近代最理想的市区公园的布局。

海的四周本有十座佛寺，因而得到"什刹"的名称。这十座寺早已荒

　　鼓楼，清乾隆年间重修，通高46.7米。鼓楼对外开放，每日有击鼓表演。古人将黑夜分为五更，每更次为一个时辰，即两个小时。报更先击鼓后敲钟。清代在乾隆后改为夜里报两次更，每晚定更（19:00到21:00），击鼓后钟声响，城门关，交通断，称为"净街"。亮更（3:00到5:00），敲钟，城门开，这就是所谓的晨钟暮鼓。

　　钟楼于清乾隆十年（1745年）重建，楼通高47.95米。钟楼内部悬挂有明永乐十八年铸造的一座大钟，重约63吨，为目前我国发现最重的铜钟。撞击大铜钟时，声音浑厚绵长，正所谓"都城内外，十有余里，莫不耸听"。

什刹海

　　"先有什刹海，后有北京城"，这句话真实地道出了什刹海在北京城市发展中的重要地位。元至元元年（1264 年），忽必烈决定放弃遭到战火破坏的金中都城，决定在其东北郊兴建一座新的都城，这就是后来的元大都。这次城址迁移在北京城市发展史上是一项具有重大意义的事件，因为它奠定了北京城往后的发展。忽必烈把城址由金中都所在的西南方向迁往其东北方向的什刹海虽然可能夹杂有政治、经济、军事等诸多方面的考虑，但是具有决定性影响的因素，什刹海所拥有的广阔的天然水面，因为蒙古民族有着依水草而居的习俗。也许当年忽必烈怀着消灭南宋、统一中国的勃勃雄心，从蒙古草原的都城和林来到燕京，并驻跸在金中都东北部的离宫——大宁宫的时候，就已深深地喜欢上了这片碧波荡漾、景色绮丽、环境宜人的好地方。

废。清朝末年，这里周围是茶楼、酒馆和杂耍场子等。但湖水逐渐淤塞，虽然夏季里香荷一片，而水质污秽、蚊虫孳生已威胁到人民的健康。后来人民自己的政府首先疏浚全城水道系统，将什刹海掏深，砌了石岸，使它成为一片清澈的活水，又将西侧小湖改为可容四千人的游泳池。两年来那里已成劳动人民夏天中最喜爱的地点。垂柳倒影，隔岸可遥望钟楼和鼓楼，它已真正地成为首都的风景区。并且这个风景区还正在不断地建设中。

在全市来说，由地安门到钟、鼓楼和什刹海是城北最好的风景区的基础。现在鼓楼上面已是人民的第一文化馆，小海已是游泳池，又紧接北海。这一个美好环境，由钟、鼓楼上远眺更为动人。不但如此，首都的风景区是以湖沼为重点的，水道的连接将成为必要。什刹海若予以发展，将来可能以金水河把它同颐和园的昆明湖连接起来。那样，人们将可以在假日里从什刹海坐着小船经由美丽的西郊，直达颐和园了。

# 五、颐和园

在中国历史中，城市近郊风景特别好的地方，封建主和贵族豪门等总要独霸或强占，然后再加以人工的经营来做他们的"禁苑"或私园。这些著名的御苑、离宫、名园，都是和劳动人民的血汗和智慧分不开的。他们凿了池或筑了山，建造了亭台楼阁，栽植了树木花草，布置了回廊曲径、桥梁水榭，在许许多多巧妙的经营与加工中，才把那些离宫或名园提到了高度艺术的境地。现在，这些宝贵的祖国文化遗产，都已回到人民手里了。

北京西郊的颐和园是中国四千年封建历史里保存到今天的最后一个大"御苑"。颐和园周围十三华里，园内有山有湖。倚山临湖的建筑单位大小数百，最有名的长廊，东西就长达一千几百尺，共计二百七十三间。

颐和园的湖、山基础，是经过金、元、明三朝所建设的。清朝规模最大的修建开始于乾隆十五年（1750 年），当时本名清漪园，山名万寿，湖名昆明。1860 年，清漪园和圆明园同遭英法联军毒辣的破坏。前山和西部大半被毁，只有山巅琉璃砖造的建筑和"铜亭"得免。

前山湖岸全部是光绪十四年（1888 年）所重建。那时西太后那拉氏专政，为自己做寿，竟挪用了海军造船费来修建，改名颐和园。

颐和园规模宏大，布置错杂，我们可以分成后山、前山、东宫门、南湖和西堤等四大部分来了解它。

第一部分后山，是清漪园所遗留下的艺术面貌，精华在万寿山的北坡和坡下的苏州河。东自"赤城霞起"关口起，山势起伏，石路回转，一路在半山经"景福阁"到"智慧海"，再向西到"画中游"。一路沿山下河岸，处处苍松深郁或桃树错落，是初春清明前后游园最好的地方。山下小河（或称后湖）曲折，忽狭忽阔；沿岸模仿江南风景，故称"苏州街"，河也名"苏州河"。正中北宫门入园后，有大石桥跨苏州河上，向南上坡是"后大庙"旧址，今称"须弥灵境"。这些地方，今天虽已剥落荒凉，但环境幽静，仍是颐和园最可爱的一部分。东边"谐趣园"是仿无锡惠山园的风格，当中荷花池，四周有水殿曲廊，极为别致。西面通到前湖的小苏州河，岸

颐和园

　　颐和园前身叫清漪园，是乾隆皇帝1750年为孝敬其母而修建的。1860年时被英法联军烧毁，后又于1888年被慈禧下令重建，并改称颐和园。在修建清漪园之前这里原是一片荒山和湖泊，山称瓮山，湖称西湖，清宫上驷院还在这里设立了驾马厩，为皇室饲养御马，一些有罪的太监被罚在这里铡草喂马。100多年后，这里又监禁了一个人——光绪，不过好在他只是失去了人身自由，慈禧并没有让他去铡草喂马。

上东有"买卖街"（现已不存），俨如江南小镇。更西的长堤垂柳和六桥是仿杭州西湖六桥建设的。这些都是模仿江南山水的一个系统的造园手法。

第二部分前山湖岸上的布局，主要是排云殿、长廊和石舫。排云殿在南北中轴线上。这一组由临湖一座牌坊起，上到排云殿，再上到佛香阁；倚山建筑，巍然耸起，是前山的重点。佛香阁是八角钻尖顶的多层建筑物，立在高台上，是全山最高的突出点。这一组建筑的左右还有"转轮藏"和"五芳阁"等宗教建筑物。附属于前山部分的还有米山上的几处别馆如"景福阁""画中游"等。沿湖的长廊和中线呈丁字形；西边长廊尽头处，湖岸转北到小苏州河，傍岸处就是著名的"石舫"，名清宴舫。前山着重侈大、堂皇富丽，和清漪园时代重视江南山水的曲折大不相同；前山的安排，是"仙山蓬岛"的格式，略如北海琼华岛，建筑物倚山层层上去，成一中轴线，以高耸的建筑物为结束。湖岸有石栏和游廊。对面湖心有远岛，以桥相通，也如北海团城。只是岛和岸的距离甚大，通到岛上的十七孔长桥，不在中线，而由东堤伸出，成为远景。

第三部分是东宫门入口后的三大组主要建筑物：一是向东的仁寿殿，它是理事的大殿；二是仁寿殿北边的德和园，内中有正殿、两廊和大戏台；三是乐寿堂，在德和园之西。这是那拉氏居住的地方。堂前向南临水有石台石阶，可以由此上下船。这些建筑拥挤繁复，像城内府第，堵塞了入口，向后山和湖岸的合理路线被建筑物阻挡割裂。今天游园的人，多不知有后山，进仁寿殿或德和园之后，更有迷惑在院落中的感觉，直到出了荣寿堂西门，到了长廊，才豁然开朗，见到前面的湖山。这一部分的建筑物为全园布局上的最大弱点。

第四部分是南湖洲岛和西堤。岛有五处，最大的是月波楼一组，或称龙王庙，有长桥通东堤。其他小岛非船不能达。西堤由北而南成一弧线，分数段，上有六座桥。这些都是湖中的点缀，为北岸的远景。

# 六、圆明园

圆明园"实物"，今仅残址废墟而已。圆明园与其毗连之长春园、万春园，称曰"三园"，其中建筑物一百四十余组，统辖于圆明园总管大臣，实际乃一大园也。三园之中，圆明园最大，其中大多数建筑于乾隆一朝，长春园及其北部之意大利巴洛克式建筑亦同时所建。咸丰十年（1860 年）英法联军破北平，先掠三园，后因清政府俘留议和使臣，虐待致死，于是英军派密切尔（Sir John Mitchel）所部及骑兵围赴园加以有系统之焚毁破坏，百余处建筑之得幸免者仅十余处而已。

三园设计最基本之部分乃在山丘池沼之布置，其殿宇亭榭则散布其间。在建筑物成组之平面上，虽仍重一正两厢均衡对称，然而变化甚多。例如方壹胜境，其部临水，三楼两亭，缀以回廊。而正楼之前，又一亭独立，其后则一楼五殿合为一院，均非传统之配置法。又如眉月轩、问月楼、紫碧山房、双鹤斋诸组，均随地势作极不规则之随意布置。各个建筑物之平面，亦多新创形式者：如清夏斋作工字形，涵秋馆略如口字形，澹泊宁静作田字形，万方安和作卐字形，眉月轩之前部作偃月形，湛翠轩作曲尺形；又有三卷、四卷、五卷等殿。然就园庭布置之观点论，三园中屋宇过多，有害山林池沼之至，恐为三园缺点耳。

园内殿宇之结构，除安佑宫、舍卫城、正大光明殿外，鲜用斗栱。屋顶形状仅安佑宫大殿为四阿顶，其余九脊顶、排山、硬山或作卷棚式，不用正脊，一反宫殿建筑之积习，而富于游玩趣味。此外亭榭，游廊桥梁，以至船艇冰床之属，莫不形式特异，争妍斗奇。盖高宗之世，八方无事，物力殷阗，为清代全盛时期。除三园外，同时复营静明园（玉泉山）、静宜园（香山）、清漪园（后改名万寿山颐和园），谓之"三山"，土木之盛，莫此为甚。

长春园北部之意大利后期文艺复兴式建筑，其内部平面布置如何，已颇难考；但在外观言，其比例权衡，不臻上品，但雕饰方面如白石雕柱及其他栏楯壁版等，颇极精致；以琉璃料作各种欧式纹饰，亦为有趣之产品，除各地教堂外，我国最初期之洋式建筑，此其最重要者也。

**《雍正圆明园十二行乐图·五月竞舟》**

圆明园由圆明园、长春园、万春园组成，也叫"圆明三园"。其陆上面积堪比故宫，水域面积相当于一个颐和园。圆明园最初是康熙赐给尚未即位的雍正的园林，并御笔亲赐"圆明"二字，雍正对其有一个解释就是：圆而入神，君子之时中也；明而普照，达人之睿智也。雍正帝是圆明园的第一个主人，最后也驾崩于圆明园。雍正每到天气转热便搬去圆明园，一年之中大约有10个月住在那里，只有冬至到来年2月及一些重大节日才回到紫禁城，圆明园这个时候实际上成了他除紫禁城外的另一个家。

# 七、西苑

西苑在北平皇城内紫禁城之西，就太液池环筑，分为南海、中海、北海三部。自金、元、明以来，三海即为内苑。清代因之屡世增修，现存建筑均清代所建。池之四周散布多数小山，北海之中一岛曰"琼华"，南海一岛曰"瀛台"，其建筑则依各山各岛之地势而分布之。而各组建筑物布置之基本原则，则仍以一正两厢合为一院之基本方式为主，而稍加以变化。

南海布置以瀛台为中心，因岛上小山形势，作为不规则形之四合院，楼阁殿亭，与假山杨柳互相辉映，至饶风趣，岛上建筑大多建于康熙朝。清末光绪帝曾被囚于此，民国初年袁世凯以中南海为总统府，而瀛台则副总统黎元洪所居也。

南海与中海之间为宽约一百余米之堤，其西端及西岸相连部分，有殿屋三四十院，约数百间，其中以居仁堂、怀仁堂为主。殿屋结构颇为简朴，如民居之大者，植以松柏杨柳、玉兰海棠，清幽雅驯，诚可为游息之所，民初总统府所在也。

中海东岸半岛上为千圣殿、万善殿、佛寺及其附属庑屋等，颇为幽静。西岸紫光阁崇楼高峻，为康熙试武举之所。

北海在三海中风景最胜，其南端一半岛，介于北海、中海之间，筑作团城，其上建承光殿即金之瑶光台也。自半岛之西，白石桥横达西岸，为金鳌玉蝀桥。在半岛之北隔水相望者为琼华岛，有石桥可达，桥面曲折，颇饶别趣。

岛上一山，高约三四十米，永安寺寺门与桥头相对，梵宇环列，直上山巅为白塔。塔为瓶形塔，建于清顺治八年（1651年），其址即金之广寒宫也。琼华岛山际尚有仙人承露盘等胜景，盖汉以来宫苑中之传统点缀也。岛之北面长廊绕之，廊之正中曰漪澜堂，其楼曰远帆楼。长廊以外更绕以白石栏楯，长几达三百米，隔岸遥瞻至为壮观。太液池北岸西部为阐福寺、大西天等梵宇。其中万佛楼全部琉璃砖砌成，其外形模仿木构形制，为双层大殿，广五间，下层作腰檐，上出平坐，上层则重檐九脊顶。

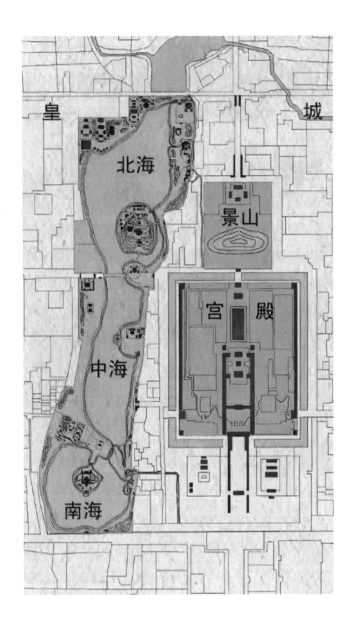

## 西苑三海

"皇家西苑"位于紫禁城以西，主要指琼岛三海（北海、中海、南海）周边的区域。最早因景色优美、气候凉爽，契丹人在此修筑了一些宫殿，辽国王公贵族常来此避暑。金大定十九年（1179 年），金世宗完颜雍又在此兴建了大宁宫，整个园林布局为传统皇家园林的"一池三山"模式，这也是西苑的雏形。到了元代，湖面被扩大，形成了太液池，又增修了万岁山（即琼华岛）、圆坻等景点。值得一提的是，丘处机曾在琼华岛生活过，1224 年成吉思汗将琼华岛上的万宁宫作为道院赏赐给丘处机居住。

连接团城与琼华岛的白石桥，从桥上往北可以看到北海白塔。

北海北岸诸单位中，布置精巧清秀者，莫如镜清斋，今亦称静心斋。其全局面积长仅一百一十余公尺，广七十余公尺，地形极不规则，高下起伏不齐，作成池沼假山，堂亭廊阁，棋布其间，缀以走廊，极饶幽趣，其所予人之印象，似面积广大且纯属天然者。而其中各建筑物虽打破一正两厢之传统，然莫不南北东西正向，虽峰峦池沼胜景无穷，然实布置于极小面积之内，是均骤睹者所不觉也。园内建筑大多成于乾隆二十三年（1758年），唯叠翠楼则似较晚。

# 八、修建于康熙年间的热河行宫

热河承德县之避暑山庄系康熙四十二年（1703 年）清圣祖所肇建，就天然风景区而形成者也。其行宫境界绕以石垣，石垣皆不规则形，即所谓"虎皮石墙"者。石垣界限亦不甚规则，随地势弯曲起伏，全部极饶自然趣味。园中"敞殿飞楼，平台奥室，咸各因地势任天趣，不崇华饰，妙极自然"，盖与圆明园略同其趣者也。

园南门丽正门之内为澹泊诚敬殿及其附属殿屋，为山庄之正殿。清帝接见藩王等多在此。此部之后，以湖为设计中心，湖四周冈峦环抱有三十六景之胜。其中如芝径云堤，由澹泊诚敬后万壑松风之北，长堤蜿蜒直渡芳洲。堤左右皆湖，中架木为桥，桥两端各树一坊，盖仿西湖风景也。湖北岸之万树园，高宗屡赐宴诸藩王处，西峪风景清幽，高宗所最爱幸。

民国初年，以行宫为热河都统公署，保存尚佳。迨自东北军汤玉麟部驻防以后，以行宫为省政府，殿宇装修，胥供焚料，数百年古树，任意砍伐。旧日规模破坏殆尽矣。

承德避暑山庄

　　热河行宫始建于康熙年间，在乾隆时又得到扩建。此后即使帝国财政遭遇捉襟见肘的困境，皇帝也会拨出专款来对行宫进行维护，由此可见皇帝们对这座行宫的重视。1860 年 8 月，英法联军攻打北京，咸丰皇帝把自己的逃难地也选在了热河行宫，可见它在皇帝心中的位置。咸丰在这里过得很舒服，纵情享乐，一年后在热河行宫驾崩。之后清朝的皇帝很少去热河行宫了，于是热河行宫也就慢慢变得不重要了。

捌

———

坛庙

# 坛庙

## 一、天坛——独一无二的蓝瓦三重檐攒尖顶大殿

天坛[①]在北京外城正中线的东边，占地差不多四千亩，围绕着有两重红色围墙。墙内茂密参天的老柏树，远望是一片苍郁的绿荫。由这树林中高高耸出深蓝色伞形的琉璃瓦顶，它是三重檐子的圆形大殿的上部，尖端上闪耀着涂金宝顶。这是祖国一个特殊的建筑物，世界闻名的天坛祈年殿。由南方到北京来的火车，进入北京城后，车上的人都可以从车窗中见到这个景物。它是许多人对北京文物建筑最先的一个印象。

天坛是过去封建主每年祭天和祈祷丰年的地方，封建的愚民政策和迷信的产物；但它也是过去辛勤的劳动人民用血汗和智慧所创造出来的一种特殊美丽的建筑类型，今天有着无比的艺术和历史价值。

天坛的全部建筑分成简单的两组，安置在平舒开朗的环境中，外周用深深的树林围护着。南面一组主要是祭天的大坛，称作"圜丘"，和一座不大的圆殿，称"皇穹宇"。北面一组就是祈年殿和它的后殿——皇乾殿、东

---

① 明永乐十八年（1420 年），朱棣迁都北京时仿南京而建天地坛，坛上建有大祀殿，用于合祭天地。嘉靖年间，决定天、地分祭，于是在大祀殿南边建圜丘坛祭天，在城北另方建方泽坛祭地，这就是现在的天坛、地坛。——编者注

西配殿和前面的祈年门。这两组相距约六百公尺，由一条白石大道相连。两组之外，重要的附属建筑只有向东的"斋宫"一处。外面两周的围墙，在平面上南边一半是方的，北边一半是半圆形的。这是根据古代"天圆地方"的说法而建筑的。

圜丘是祭天的大坛，平面正圆，全部白石砌成；分三层，高约一丈六尺；最上一层直径九丈，中层十五丈，底层二十一丈。每层有石栏杆绕着，三层栏板共合成三百六十块，象征"周天三百六十度"。各层四面都有九步台阶。这座坛全部尺寸和数目都用一、三、五、七、九的"天数"或它们的倍数，是最典型的封建迷信结合的要求。但在这种苛刻条件下，智慧的劳动人民却在造型方面创造出一个艺术杰作。这座洁白如雪、重叠三层的圆坛，周围环绕着玲珑像花边般的石刻栏杆，形体是这样地美丽，它永远是个可珍贵的建筑物，点缀在祖国的地面上。

圜丘北面棂星门外是皇穹宇。这座单檐的小圆殿的作用是存放神位木牌（祭天时"请"到圜丘上面受祭，祭完送回）。最特殊的是它外面周绕的

圜丘坛是举行冬至祭天大典的场所，坛上为平台。

围墙，平面做成圆形，只在南面开门。墙面是精美的磨砖对缝，所以靠墙内任何一点，向墙上低声细语，他人把耳朵靠近其他任何一点，都可以清晰地听到。[①] 人们都喜欢在这里做这种"声学游戏"。

祈年殿是祈谷的地方，是个圆形大殿，三重蓝色琉璃瓦檐，最上一层上安金顶。殿的建筑用内外两周的柱，每周十二根，里面更立四根"龙井柱"。圆周十二间都安格扇门，没有墙壁，庄严中呈现玲珑。这殿立在三层圆坛上，坛的样式略似圜丘而稍大。

天坛部署的规模是明嘉靖年间制定的。现存建

皇穹宇是回音壁内的主体建筑，为供奉圜丘坛祭祀神位的场所。

筑中，圜丘和皇穹宇是清乾隆八年（1743年）所建。祈年殿在清光绪十五年雷火焚毁后，又在第二年（1890年）重建。祈年门和皇乾殿是明嘉靖二十四年（1545年）原物。现在祈年门梁下的明代彩画是罕有的历史遗物。

① 当时建造时并未考虑回音效果。而围墙由磨砖对缝砌成，光滑平整，弧度柔和，有利于声波的规则折射。加之围墙上端覆盖着琉璃瓦使声波不至于散漫地消失，就造成了回音壁的回音效果。——编者注

**祭天大典上的袁世凯（左二）**

　　1914 年冬至日那天，天刚蒙蒙亮，一群穿着古装的大老爷们，簇拥着一个五短身材、头发花白的老人去往城南的天坛。到天坛后，老人换上了复古的皇帝冕冠衮服，领着文武百官登上圜丘。待牺牲贡品陆续献上后，古乐奏起，鼓乐队闻之响应。司祀官高声颂着古僻拗口的祝文："时维冬至，六气滋生，式遵彝典，慎修礼物。敬以玉帛牺齐，粢盛庶品，备兹禋燎，祗荐洁诚。尚飨。"随着最后一个"飨"字震彻长宵，身穿冕冠衮服老人举酒敬天，恭恭敬敬地朝祭坛上书有"昊天上帝"的牌位磕下四个头，底下黑压压的百官随之伏地。这就是中国历史上最后一次的祭天大典，也是民国历史上唯一的一次祭天大典。这次祭天大典一年之后，那个身穿冕冠衮服的老人就迫不及待地坐上了龙椅。这个老人就是历史上有名的窃国大盗袁世凯，他这个皇帝梦做得并不长久，不到三个月就烟消云散了。

# 二、社稷坛——祭土地和五谷之神的地方

我们的首都是一个富于文化建筑的名城；从文物建筑来介绍它，可以更深刻地感到它的伟大与罕贵。下面这个镜头就是我要在这里首先介绍的一个对象。

它是中山公园内的中山堂。你可能已在这里开过会，或因游览中山公园而认识了它；你也可能是没有来过首都而希望来的人，愿意对北京有个初步的了解。让我来介绍一下吧，这是一个愉快的任务。

这个殿堂的确不是一个寻常的建筑物。就是在这个满是文物建筑的北京城里，它也是极其罕贵的一个。因为它是这个古老的城中最老的一座木构大殿，它的年龄已有530岁了。它是15世纪20年代的建筑，是明朝永

中山堂

1925年孙中山在北京病逝时在此停灵，为示纪念后将"拜殿"更名为"中山堂"。

社稷坛上的"五色土"

　　社，即土地神。稷，即五谷之神。社稷坛就是合祭土地神和五谷神的场所。民国时期的史学大家陈宗蕃在《社稷坛考》中专门描述了皇帝在社稷坛举行仪式：头一天，要由太常寺卿扫除，敷设五色土，恭设神座，燃明灯具，为太社与太稷各备好牲畜，备好篚等器物，乐部率太常协和律郎设中和韶乐于坛门内。祭祀礼仪按照一套迎神、升坛、上祭品、奏乐、献舞、上香、跪拜、读主、出主、送神的仪式进行。若赶上天气不好或刮风下雨，祭祀仪式便改在坛北的拜殿举行。除此之外，皇家遇有重大喜事，也会在社稷坛举行仪式。

乐由南京重回北京建都时所造的许多建筑物之一，也是明初工艺最旺盛的时代里，我们可尊敬的无名工匠们所创造的、保存到今天的一个实物。

这个殿堂过去不是帝王的宫殿，也不是佛寺的经堂。它是执行中国最原始宗教中祭祀仪节而设的坛庙中的"享殿"。中山公园过去是"社稷坛"，就是祭土地和五谷之神的地方。

凡是坛庙都用柏树林围绕，所以环境优美，成为现代公园的极好基础。社稷坛全部包括中央一广场，场内一方坛，场四面有短墙和棂星门；短墙之外，三面为神道，北面为享殿和寝殿；它们的外围又有红围墙和美丽的券洞门。正南有井亭，外围古柏参天。

中山堂的外表是个典型的大殿。白石镶嵌的台基和三道石阶，朱漆合抱的并列立柱，精致的门窗，青绿彩画的阑额，由于综错木材所组成的"斗栱"和檐椽等所造成的建筑装饰，加上黄琉璃瓦巍然耸起，微曲的坡顶，都可说是典型的、但也正是完整而美好的结构。它比例的稳重，尺度的恰当，也恰如它的作用和它的环境所需要的。它的内部不用天花顶棚，而将梁架斗栱结构全部外露，即所谓"露明造"的格式。我们仰头望去，就可以看见每一块结构的构材处理得有如装饰画那样美丽，同时又组成了巧妙的图案。当然，传统的青绿彩绘也更使它灿烂而华贵。但是明初遗物的特征是木材的优良（每柱必是整料，且以楠木为主）和匠工砍削榫卯的准确，这些都不是在外表上显著之点，而是属于它内在的品质的。

1949 年 8 月，北京市第一届人民代表会议就是在这里召开的。两年多来，这里开过各种会议百余次。这大殿是多么恰当地用作各种工作会议和报告的大礼堂啊！而更巧的是同社稷坛遥遥相对的太庙，也已用作首都劳动人民的文化宫了。

# 三、太庙①——皇帝祭祖的地方

北京市劳动人民文化宫是首都人民所熟悉的地方。它在天安门的左侧②，同天安门右侧的中山公园正相对称。它所占的面积很大，南面和天安门在一条线上，北面背临着紫禁城前的护城河，西面由故宫前的东千步廊起，东面到故宫的东墙根止，东西宽度恰是紫禁城的一半。这里是408年以前（明嘉靖二十三年，1544年）劳动人民所辛苦建造起来的一所规模宏大的庙宇。它主要是由三座大殿、三进庭院所组成。此外，环绕着它的四周的，是一片蓊郁古劲的柏树林。

这里过去称作"太庙"，只是沉寂地供着一些死人牌位和一年举行几次皇族的祭祖大典的地方。1950年国际劳动节，这里的大门上挂上了毛主席亲笔题的匾额——"北京市劳动人民文化宫"，它便活跃起来了。在这里面所进行的各种文化娱乐活动经常受到首都劳动人民的热烈欢迎，以至于这里林荫下的庭院和大殿里经常挤满了人，假日和举行各种展览会的时候，等待入门的行列有时一直排到天安门前。

在这里，各种文化娱乐活动是在一个特别美丽的环境中进行的。这个环境的特点有二：

（一）它是故宫中工料特殊精美而在四百多年中又丝毫未被伤毁的一个完整的建筑组群。

（二）它的平面布局是在祖国的建筑体系中，在处理空间的方法上最卓越的例子之一。不但它的内部布局爽朗而紧凑，在虚实起伏之间构成一个整体，并且它还是故宫体系总布局的一个组成部分，同天安门、端门和午门有一定的关系。如果我们从高处下瞰，就可以看出文化宫是以一个广庭

---

① 明永乐十八年（1420年），始建太庙，为明代皇室的祖庙，清朝继续沿用。其位置是依周礼《考工记》"左祖右社"的规定，置于皇宫之左（东）。——编者注

② 古代人看地理方位是坐北朝南看的，也就是"上北下南左东右西"，和现在的"上北下南左西右东"相反，李清照的那句"至今思项羽，不肯过江东"当中的江东，在古代也称江左，所以这里的"左侧"指的是"东边"，就是太庙在天安门的东边。——编者注

太庙

　　太庙的东西两庑，分别供奉着13位功王、功臣以做配享之用。前殿东庑是配享功王；前殿西庑是配享功臣。在这26位配享太庙的功王、功臣中，只有一个是汉人，那就是张廷玉。说起来张的配享之路走得并不顺畅。张廷玉作为汉臣历经了康雍乾三朝，尤其为雍正帝所赏识，而让张廷玉配享太庙，也是雍正的旨意。可到了乾隆朝，由于朝中满人反对汉臣配享的声音很大，导致乾隆皇帝对张廷玉配享太庙的态度犹豫不定，张廷玉很聪明，知道县官不如现管。于是他厚着脸皮向乾隆皇帝讨要一份能配享太庙的保证，但碍于父亲的情面他还是勉为其难地下了一道让其配享太庙的诏书。一生谨慎的张廷玉高兴之余竟忘记了向皇帝上谢恩折子，在知道乾隆生气后，他赶忙上表请罪，这下可好又让乾隆看到了朋党的苗头，心想自己只是私下生气，张廷玉是如何知道的，肯定是有人通风报信了。张廷玉非常害怕，只得请罪罢享太庙，孤身辞官。但在其死后，乾隆皇帝为了不违背父亲的旨意，还是将张廷玉的牌位送入了太庙西庑。

为核心，四面建筑物环抱，北面是建筑的重点。它不单是一座单独的殿堂，而是前后三殿：中殿与后殿都各有它的两厢配殿和前院；前殿特别雄大，有两重屋檐，三层石基，左右两厢是很长的廊庑，像两臂伸出抱拢着前面的广庭。

北京现存仅三座金丝楠木大殿，另两座是明十三陵长陵的祾恩殿、北海公园内西天梵境的大慈真如宝殿。太庙享殿是现存规模最大的金丝楠木大殿。

南面的建筑很简单，就是入口的大门。在这全组建筑物之外，环绕着两重有琉璃瓦饰的红墙，两圈红墙之间，是一周苍翠的老柏树林。南面的树林是特别大的一片，造成浓荫，和北头建筑物的重点恰相呼应。它们所留出的主要空间就是那个可容万人以上的广庭，配合着两面的廊子。这样的一种空间处理，是非常适合于户外的集体活动的。这也是我们祖国建筑的优良传统之一。这种布局与中山公园中的社稷坛部分完全不同，但在比重上又恰是对称的。如果说社稷坛是一个四条神道由中心向外展开的坛（仅在北面有两座不高的殿堂），文化宫则是一个由四面殿堂廊屋围拢来的庙。这两组建筑物以端门前庭为锁钥，和午门、天安门是有机地联系着的。在文化宫里，如果我们由下往上看，不但可以看到北面重檐的正殿巍然而起，并且可以看到午门上的五凤楼一角正成了它的西北面背景，早晚云霞，金瓦翚飞，气魄的雄伟，给人极深刻的印象。

# 四、雍和宫——北京最大的藏传佛教寺院

北京城内东北角的雍和宫，是二百十几年来北京最大的一座藏传佛教寺院。这所寺院因为建筑的宏丽和佛像雕刻等的壮观，非常著名，所以人们时常来到这里参观。这一组庄严的大建筑群，是过去中国建筑工人以自己传统的建筑结构技术来适应藏传佛教的需要所创造的一种宗教性的建筑类型。这寺院的全部是一种符合特殊实际要求的艺术创造，在首都的文物建筑中，它是不容忽视的一组建筑遗产。雍和宫曾经是胤禛（清雍正）做阿哥时的府第。在1734年改建为藏传佛教寺院。

法轮殿顶部的天窗上的鎏金宝顶体现了藏传佛教的建筑风格

## 万佛楼内部中间的弥勒大佛

弥勒大佛的主体部分是由一根完整的白檀木雕刻出来的。这根白檀木通高26米，其中8米被埋入地下，而我们所见到的则是地面部分的18米。1990年8月，雍和宫弥勒大佛被载入吉尼斯世界纪录，成为独木雕刻佛像世界之最。

1860 年外国人拍摄的雍和宫

　　雍和宫是雍正做皇上前的住宅，雍正在这里度过了近 30 年的时光。这座府邸见证着他从贝勒府到雍亲王府再到登基的人生轨迹。但除了亲王府邸这一被人熟知的身份，雍和宫还有一个不被大家所知的身份，那就是它曾经也是特务机关"粘杆处"的办公地。当然为了掩人耳目，对外宣称这是一个专事粘蝉、捉蜻蜓、钓鱼的休闲机构。关于"粘杆处"清人赵翼在《檐曝杂记》中有过这样一个记载：某年春节大臣王云锦在家里与亲朋打叶子牌，第二天上朝雍正漫不经心地问起了他过年期间干了什么。王云锦如实说在家打牌，雍正又问他其间有没有发生什么特别的事。王云锦说没什么事发生，就是有一张牌后来怎么也找不到了，雍正夸他诚实，并把找不到的那张牌还给了他。王云锦惊得目瞪口呆，从此在家里做什么事都是小心翼翼地。

雍和宫的大布局紧凑而有秩序，全部由南北一条中轴线贯穿着。由最南头的石牌坊起到"琉璃花门"是一条"御道"，——也像一个小广场。两旁十几排向南并列的僧房就是喇嘛们的宿舍。由琉璃花门到雍和门是一个前院，这个前院有古槐的幽荫，南部左右两角立着钟楼和鼓楼，北部左右有两座八角的重檐亭子，更北的正中就是雍和门；雍和门规模很大，才经过修缮油饰。由此北进共有三个大庭院，五座主要大殿阁。第一院正中的主要大殿称作雍和宫，它的前面中线上有碑亭一座和一个雕刻精美的铜香炉，两边配殿围绕到它后面一殿的两旁，规模极为宏壮。

全寺最值得注意的建筑物是第二院中的法轮殿，其次便是它后面的万佛楼。它们的格式都是很特殊的。法轮殿主体是七间大殿，但它的前后又各出五间"抱厦"，使平面呈十字形。殿的瓦顶上面突出五个小阁，一个在正脊中间，两个在前坡的左右，两个在后坡的左右。每个小阁的瓦脊中间又立着一座喇嘛塔。由于宗教上的要求，五塔寺金刚宝座塔的形式很巧妙地这样组织到纯粹中国式的殿堂上面，成了中国建筑中的一个特殊例子。

万佛楼在法轮殿后面，是两层重檐的大阁。阁内部中间有一尊五丈多高的弥勒佛大像，穿过三层楼井，佛像头部在最上一层的屋顶底下。据说这个像的全部是由一整块檀香木雕成的。更特殊的是万佛楼的左右另有两座两层的阁，从这两阁的上层用斜廊——所谓飞桥——和大阁相联系。这是敦煌唐朝画中所常见的格式，今天还有这样一座存留着，是很难得的。

雍和宫最北部的绥成殿是七间，左右楼也各是七间，都是两层的楼阁，在我们的最近建设中，我们极需要参考本国传统的楼屋风格，从这一组两层建筑物中，是可以得到许多启示的。

天宁寺塔身雕出的拱门与直棂窗。

# 五、富有音乐旋律<sup>①</sup>的天宁寺塔

北京广安门外的天宁寺塔，是北京城内和郊外的寺塔中完整立着的一个最古的建筑纪念物。这个塔是属于一种特殊的类型：平面作八角形，砖筑实心，外表主要分成高座、单层塔身和上面的多层密檐三部分。座是重叠的两组须弥座，每组中间有一道"束腰"，用"间柱"分成格子，每格中刻一浅龛，中有浮雕，上面用一周砖刻斗栱和栏杆，故极富于装饰性。座以上只有一单层的塔身，托在仰翻的大莲瓣上，塔身四正面有拱门，四斜

---

① 梁思成语。——编者注

## 天宁寺塔

位于北京市西城区广安门外护城河西岸北的天宁寺是北京最古老的寺院之一。它源建于北魏孝文帝年间，叫"光林寺"，隋代改名"弘业寺"，唐代又改名为"天王寺"，辽代时于寺内建了座八角十三层舍利砖塔。金代在燕京正式建都，天王寺又改名为"大万安寺"，它成为金中都皇城中的唯一大寺。元末整座寺庙毁于兵火，仅余孤塔，茕子无依。明清两代经过多次重修，天宁寺遂成为赏花的好去处。

面有窗，还有浮雕力神像等。塔身以上是十三层密密重叠着的瓦檐。第一层檐以上，各檐中间不露塔身，只见斗栱；檐的宽度每层缩小，逐渐向上递减，使塔的轮廓成缓和的弧线。塔顶的"刹"是佛教的象征物，本有"覆钵"和很多层"相轮"，但天宁寺塔上只有宝顶，不是一个刹，而十三层密檐本身却有了相轮的效果。

这种类型的塔，轮廓甚美，全部稳重而挺拔。层层密檐的支出使檐上的光和檐下的阴影构成一明一暗；重叠而上，和素面塔身起反衬作用，是最引人注意的宜于远望的处理方法。中间塔身略细，约束在檐以下、座以上，特别显得窈窕。座的轮廓也因有伸出和缩紧的部分，更美妙有趣。塔座是塔底部的重点，远望清晰伶俐；近望则见浮雕的花纹、走兽和人物，精致生动，又恰好收到最大的装饰效果。它是砖造建筑艺术中的极可宝贵的处理手法。

分析和比较祖国各时代各类型的塔，我们知道南北朝和隋的木塔的形状，但实物已不存。唐代遗物主要是砖塔，都是多层方塔，如西安的大雁塔和小雁塔。唐代虽有单层密檐塔，但平面为方形，且无须弥座和斗栱，如嵩山的永泰寺塔。中原山东等省以南，山西省以西，五代以后虽有八角塔，而非密檐，且无斗栱，如开封的"铁塔"。在江南，五代两宋虽有八角塔，却是多层塔身的，且塔身虽砖造，每层都用木造斗栱和木檩托檐，如苏州虎丘塔、罗汉院双塔等。检查天宁寺塔每一细节，我们今天可以确凿地断定它是辽代的实物，清代石碑中说它是"隋塔"是错误的。

这种单层密檐的八角塔只见于河北省和东北。最早有年月可考的都属于辽金时代（11 至 13 世纪），如房山云居寺南塔北塔、正定青塔、通州塔、辽阳白塔寺塔等。但明清还有这形制的塔，如北京八里庄塔。从它们分布的地域和时代看来，这类型的塔显然是契丹民族（满族祖先的一支）的劳动人民和当时移居辽区的汉族匠工们所合力创造的伟绩，是他们对于祖国建筑传统的一个重大贡献。天宁寺塔经过这九百多年的考验，仍是一座完整而美丽的纪念性建筑，它是今天北京最珍贵的艺术遗产之一。

玖

平郊建筑杂录

# 平郊建筑杂录

北平四郊近二三百年间建筑遗物极多，偶尔郊游，触目都是饶有趣味的古建。其中辽、金、元古物虽然也有，但是大部分还是明清的遗构；有的是煊赫的"名胜"，有的是消沉的"痕迹"；有的按期受成群的世界游历团的赞扬，有的只偶尔受诗人们的凭吊，或画家的欣赏。

这些美的存在，在建筑审美者的眼里都能引起特异的感觉，在"诗意"和"画意"之外，还使他感到一种"建筑意"的愉快。这也许是个狂妄的说法——但是，什么叫作"建筑意"？我们很可以找出一个比较近理的定义或解释来。

顽石会不会点头，我们不敢有所争辩，那问题怕要牵涉物理学家，但经过大匠之手泽，年代之磋磨，有一些石头的确是会蕴含生气的。天然的材料经人的聪明建造，再受时间的洗礼，成美术与历史地理之和，使它不能不引起赏鉴者一种特殊的性灵的融会，神志的感触，这话或者可以算是说得通。

无论哪一个巍峨的古城楼，或一角倾颓的殿基的灵魂里，无形中都在诉说，乃至于歌唱，时间上漫不可信地变迁；由温雅的儿女佳话，到流血成渠的杀戮。他们所给的"意"的确是"诗"与"画"的。但是建筑师要郑重地声明，那里面还有超出这"诗""画"以外的意存在。眼睛在接触人的智力和生活所产生的一个结构，在光影恰恰可人中，和谐的轮廓，披着风露所赐予的层层生动的色彩；潜意识里更有"眼看他起高楼，眼看他楼塌了"凭吊兴衰的感慨；偶然更发现一片，只要一片，极精致的雕纹，一位不知名匠师的手笔，请问那时锐感，即不叫他作"建筑意"，我们也得要临时给他制造个同样狂妄的名词，是不？

建筑审美可不能势利的。大名煊赫，尤其是有乾隆御笔碑石来赞扬的，并不一定便是宝贝；不见经传，湮没在人迹罕至的乱草中间的，更不一定不是一位无名英雄。以貌取人或者不可，"以貌取建"却是个好态度。北平近郊可经人以貌取舍的古建筑实不在少数。摄影图录之后，或考证它的来历，或由村老传说中推测它的过往——可以成一个建筑师为古物打抱不平的事业和比较有意思的夏假消遣。而他的报酬便是那无穷的"建筑意"的收获。

# 一、卧佛寺的平面

说起受帝国主义的压迫，再没有比卧佛寺委屈的了。卧佛寺的住持智宽和尚，前年偶同我们谈天，用"叹息痛恨于桓灵"的口气告诉我，他的先师，如何如何与青年会订了合同，以每年一百元的租金，把寺的大部分租借了二十年。

其实这都怪那佛一觉睡几百年不醒，到了这危难的关头，还不起来给老和尚当头棒喝，使他早早觉悟，组织个佛教青年会西山消夏团。虽未必可使佛法感化了摩登青年，至少可借以繁荣了寿安山……不错，那山叫寿安山……又何至等到今年五台山些少的补助，才能修葺开始残破的庙宇呢！

我们也不必怪青年会，其实还应该感谢青年会。要是没有青年会，今天有几个人会知道卧佛寺那样一个山窝子里的去处。在北方——尤其是北平——上学的人，大半都到过卧佛寺。一到夏天，各地学生们，男的、女的，谁不愿意来消消夏，爬山、游水、骑驴，多么优哉游哉。据说每年夏令会总成全了许多爱人们的心愿，想不到睡觉的释迦牟尼，还能在梦中代行月下老人的职务，也真是佛法无边了。

从玉泉山到香山的马路，快近北辛村的地方，有条岔路忽然转北上坡的，正是引导你到卧佛寺的大道。寺是向南，一带山屏障似的围住寺的北面，所以寺后有一部分渐高，一直上了山脚。在最前面，迎着来人的，是寺的第一道牌楼，那还在一条柏荫夹道的前头。当初这牌楼是什么模样，我们大概还能想象，前人做的事虽不一定都比我们强，但是关于这牌楼大概无论如何他们要比我们大方得多。现在的这座只说它不顺眼已算十分客气，不知哪一位和尚化来的酸缘，在破碎的台基上，竖了四根小柱子，上面横钉了几块板，就叫它作牌楼。这算是经济萎衰的直接表现，还是宗教力渐弱的间接表现？一时我还不能答复。

顺着两行古柏的马道上去，骤然间到了上边，才看见另外的鲜明的一座琉璃牌楼在眼前。汉白玉的须弥座，三个汉白玉的圆门洞，黄绿琉璃的柱子，横额，斗栱，檐瓦。如果你相信一个建筑师的自言自语，"那是乾嘉间的做法"。至于《日下旧闻考》所记寺前为门的如来宝塔，却已不知去向了。

琉璃牌楼之内，有一道白石桥，由半月形的小池上过去。池的北面和桥的旁边，都有精致的石栏杆，现在只余北面一半，南面的已改成洋灰抹砖栏杆。这池据说是"放生池"，里面的鱼，都是"放"的。佛寺前的池，本是佛寺的一部分，用不着我们小题大做地讲。但是池上有桥，现在虽处处可见，但它的来由却不见得十分古远。在许多寺池上，没有桥的却较占多数。至于池的半月形，也是个较近的做法，古代的池大半都是方的。池的用途多是放生、养鱼。但是刘士能先生告诉我们说南京附近有一处律宗的寺，利用山中溪水为月牙池，和尚们每斋都跪在池边吃，风雪无阻，吃完在池中洗碗。幸而卧佛寺的和尚们并不如律宗的苦行，不然放生池不唯不能放生，怕还要变成脏水坑了。

与桥正相对的是山门。山门之外，左右两旁，是钟鼓楼，从前已很破烂，今年忽然大大地修整起来。连角梁下失去的铜铎，也用二十一号的白铅铁焊上，油上红绿颜色，如同东安市场的国货玩具一样的鲜明。

山门平时是不开的，走路的人都从山门旁边的门道出入。入门之后，迎面是一座天王殿，里面供的是四天王——就是四大金刚——东西梢间各两位对面侍立，明间面南的是光肚笑嘻嘻的阿弥陀佛，面北合十站着的是韦驮。

再进去是正殿，前面是月台，月台上（在秋收的时候）铺着金黄色的老玉米，像是专替旧殿着色。正殿五间，供三位喇嘛式的佛像。据说正殿本来也有卧佛一躯，雍正还看见过，是旃檀佛像，唐太宗贞观年间的东西。但是到了乾隆年间，这位佛大概睡醒了，不知何时上哪儿去了。只剩了后殿那一位，一直睡到如今，还没有醒。

从前面牌楼直到后殿，都是建立在一条中线上的。这个在寺的平面上并不算稀奇，罕异的却是由山门之左右，有游廊向东西，再折而向北，其间虽有方丈客室和正殿的东西配殿，但是一气连接，直到最后面又折而东西，回到后殿左右。这一周的廊，东西（连山门或后殿算上）十九间，南北（连方丈配殿算上）四十间，成一个大长方形。中间虽立着天王殿和正殿，却不像普通的庙殿，将全寺用"四合头"式前后分成几进。这是少有的。在这点上，刘士能先生在智化寺调查记中说："唐宋以来有伽蓝七堂之称。唯各宗略有异同，而同在一宗，复因地域环境，互相增省……"现在卧佛寺中院，除去最后的后殿外，前面各堂为数适七，虽不敢说这是七堂之例，但可借此略窥制度耳。

这种平面布置，在唐宋时代很是平常，敦煌画壁里的伽蓝都是如此布置，在日本各地也有飞鸟平安时代这种的遗例。在北平一带（别处如何未得详究），却只剩这一处唐式平面了。所以人人熟识的卧佛寺，经过许多人用帆布床"卧"过的卧佛寺游廊，是还有一点新的理由，值得游人将来重加注意的。

卧佛寺各部殿宇的立面（外观）和断面（内部结构）却都是清式中极

规矩的结构，用不着细讲。至于殿前伟丽的婆罗宝树，和树下消夏的青年们所给予你的是什么复杂的感觉，那是各人的人生观问题，建筑师可以不必参加意见。事实极明显的，如东院几进宜于消夏乘凉；西院的观音堂总有人租住；堂前的方池——旧籍中无数记录的方池——现在已成了游泳池，更不必赘述或加任何的注解。

"凝神映性"的池水，用来作锻炼身体之用，在青年会道德观之下，自成道理——没有康健的身体，焉能有康健的精神？——或许！或许！但怕池中的微生物杂菌不甚懂事。

池的四周原有精美的白石栏杆，已拆下叠成台阶，做游人下池的路。不知趣的，容易伤感的建筑师，看了又一阵心酸。其实这不算稀奇，中世纪的教皇们不是把古罗马时代的庙宇当石矿用，采取那石头去修"上帝的房子"吗？这台阶——栏杆——或也不过是将原来离经叛道"崇拜偶像者"的迷信废物，拿去为上帝人道尽义务。"保存古物"，在许多人听去当是一句迂腐的废话。"这年头！这年头！"每个时代都有些人在没奈何时，喊着这句话出出气。

# 二、法海寺门与原先的居庸关

法海寺在香山之南，香山通八大处马路的西边不远。这是一个很小的山寺，谁也不会上那里去游览的。寺的本身在山坡上，寺门却在寺前一里多远的山坡底下。坐汽车走过那一带的人，怕绝对不会看见法海寺门一类无关轻重的东西的。骑驴或走路的人，也很难得注意到在山谷碎石堆里的那一点小建筑物。尤其是由远处看，它的颜色和背景非常相似。因此看见过法海寺门的人我敢相信一定不多。

特别留意到这寺门的人，却必定有。因为这寺门的形式与寻常的极不相同：有圆拱门洞的城楼模样，上边却顶着一座塔——一个缩小的北海白塔。这奇特的形式不是中国建筑里所常见。

这圆拱门洞是石砌的。东面门额上题着"敕赐法海禅寺",旁边陪着一行"顺治十七年夏月吉日"的小字。西面额上题着三种文字,其中看得懂的是中文,其他两种或是满、蒙各占其一。走路到这门下,疲乏之余,读完这一行题字也就觉得轻松许多!

门洞里还有隐约的画壁,顶上一部分居然还勉强剩出一点颜色来。由门洞西望,不远便是一座石桥,微拱地架过一道山沟,接着一条山道直通到山坡上寺的本身。

门上那座塔的平面略似十字形而较复杂。立面分多层,中间束腰石色较白,刻着生猛的浮雕狮子。在束腰上枋以上,各层重叠像阶级,每级每面有三尊佛像。每尊佛像带着背光,成一浮雕薄片,周围有极精致的琉璃边框。像脸不带色釉,眉目口鼻均伶俐秀美,全脸大不及寸余。座上便是塔的圆肚,塔肚四面四个浅龛,中间坐着浮雕造像,刻工甚俊。龛边亦有细刻。更上是相轮(或称刹),刹座刻作莲瓣,外廓微作盆形,底下还有小方十字座。最顶尖上有仰月的教徽。仰月徽去夏还完好,今秋已掉下。据乡人说是八月间大风雨吹掉的,这塔的破坏于是又进了一步。

这座小小带塔的寺门,除门洞上面一围砖栏杆外,完全是石造的。这在中国又是个少有的例。现在塔座上斜长着一棵古劲的柏

法海寺的寺门上有一白塔。这是梁思成、林徽因在古建考察时拍的,该塔已被拆除。

树，为塔门增了不少的苍姿，更像是做它的年代的保证。为塔门保存计，这种古树似要移去的。怜惜古建的人到了这里真是彷徨不知所措。好在在古物保存如许不周到的中国，这忧虑未免神经过敏！

法海寺门特点却并不在上述诸点，石造及其年代等等，主要的却是它的式样与原先的居庸关相类似。从前居庸关上本有一座塔的，但因倾颓已久，无从考其形状。不想在平郊竟有这样一个发现。虽然在《日下旧闻考》里法海寺只占了两行不重要的位置，一句轻淡的"门上有小塔"，在研究居庸关原状的立脚点看来，却要算个重要的材料了。

# 三、杏子口的三个石佛龛

由八大处向香山走，出来不过三四里，马路便由一处山口里开过。在山口路转第一个大弯，向下直趋的地方，马路旁边，微偻的山坡上，有两座小小的石亭。其实也无所谓石亭，简直就是两座小石佛龛。两座石龛的大小稍稍不同，而它们的背面却同是不客气地向着马路。因为它们的前面全是向南，朝着另一个山口——那原来的杏子口。

在没有马路的时代，这地方才不愧称作山口。在深入三四十尺的山沟中，一道唯一的蜿蜒险狭的出路；两旁对峙着两堆山，一出口则豁然开朗一片平原田壤，海似的平铺着，远处浮出同孤岛一般的玉泉山，托住山塔。这杏子口的确有小规模的"一夫当关，万夫莫开"的特异形势。两石佛龛既据住北坡的顶上，对面南坡上也立着一座北向的，相似的石龛，朝着这山口。由石峡底下的杏子口往上看，这三座石龛分峙两崖，虽然很小，却顶着一种超然的庄严，镶在碧澄澄的天空里，给辛苦的行人一种神异的快感和美感。

现时的马路是在北坡两龛背后绕着过去，直趋下山。因其逼近两龛，所以驰车过此地的人，绝对要看到这两个特别的石亭子的。但是同时因为这山路危趋的形势，无论是由香山西行，还是从八大处东去，谁都不愿冒险停住快驶的汽车去细看这么几个石佛龛子。于是多数的过路车客，全都遏制住好奇爱古的心，冲过去便算了。

假若作者是个细看过这石龛的人，那是因为他是例外，遏制不住他的好奇爱古的心，在冲过去便算了不知多少次以后发誓要停下来看一次的。那一次也就不算过路，却是带着照相机去专程拜谒；且将车驶过那危险的山路停下，又步行到龛前后去瞻仰丰采的。

在龛前，高高地往下望着那刻着几百年车辙的杏子口石路，看一个小泥人大小的农人挑着担过去，又一个戴朵鬓花的老婆子，夹着黄色包袱，弯着背慢慢地踱过来，才能明白这三座石龛本来的使命。如果这石龛能够说话，它们或不能告诉得完它们所看过经过杏子口底下的图画——那时一串骆驼正在一个跟着一个的，穿出杏子口转下一个斜坡。

北坡上这两座佛龛是并立在一个小台基上，它们的结构都是由几片青石片合成——每面墙是一整片，南面有门洞，屋顶每层檐一片。西边那座龛较大，平面约一米余见方，高约二米。重檐，上层檐四角微微翘起，值得注意。东面墙上有历代的刻字，跑着的马，人脸的正面等等。其中有几个年月人名，较古的有"承安五年四月廿三日到此"，和"至元九年六月十五

1932 年 林徽因在北平郊区杏子口北崖石佛龛考察

日□□□贾智记"。承安是金章宗年号，五年是公元 1200 年。至元九年是元世祖的年号，元顺帝的至元到六年就改元了，所以是公元 1272 年。这小小的佛龛，至迟也是金代的遗物，居然在杏子口受了七百多年以上的风雨，依然存在。当时巍然顶在杏子口北崖上的神气，现在被煞风景的马路贬到盘坐路旁的谦抑，但它们的老资格却并不因此减损，那种倚老卖老的倔强，差不多是傲慢冥顽了。西面墙上有古拙的画——佛像和马——那佛像的样子，骤看竟像美洲土人的 Totem-Pole（图腾柱）。

龛内有一尊无头趺坐的佛像，虽像身已裂，但是流丽的衣褶纹，还有"南宋期"的遗风。

台基上东边的一座较小，只有单檐，墙上也没字画。龛内有小小无头像一躯，大概是清代补作的。这两座都有苍绿的颜色。

台基前面有宽二米、长四米余的月台，上面的面积勉强可以叩拜佛像。

南崖上只有一座佛龛，大小与北崖上小的那座一样。三面做墙的石片，已成纯厚的深黄色，像纯美的烟叶，西面刻着双钩的"南"字，南面"无"字，东面"佛"字，都是径约八分米。北面开门，里面的佛像已经丢失了。

这三座小龛，虽不能说是真正的建筑遗物，也可以说是与建筑有关的小品。不止诗意画意都很充足，"建筑意"更是丰富，实在值得停车一览。至于走下山坡到原来的杏子口里往上真真瞻仰这三龛本来庄严峻立的形势，更是值得。

关于北平掌故的书里，还未曾发现关于这三座石佛龛的记载。好在对于它们年代的审定，因有墙上的刻字，已没有什么难题。所可惜的是它们渺茫的历史无从参考出来，为我们的研究增些趣味。

# 近郊的三座"金刚宝座塔"

北京西直门外五塔寺的大塔，形式很特殊，它是建立在一个巨大的台子上面，由五座小塔所组成的。佛教术语称这种塔为"金刚宝座塔"。它是模仿印度佛陀伽蓝的大塔建造的。

金刚宝座塔的图样，是1413年（明永乐时代）西番班迪达来中国时带来的。永乐帝朱棣，封班迪达做大国师，建立大正觉寺、五塔寺给他住。到了1473年（明成化九年）便在寺中仿照了中印度式样，建造了这座金刚宝座塔。清乾隆时代又仿照这个类型，建造了另外两座。一座就是现在德胜门外的西黄寺塔，另一座是香山碧云寺塔。这三座塔虽同属于一个格式，但每座各有很大变化，和中国其他的传统风格结合而成。它们具体地表现出祖国劳动人民灵活运用外来影响的能力，他们有大胆变化、不限制于模仿的创造精神。在建筑上，这样主动地吸收外国影响和自己民族形式相结合的例子是极值得注意的。同时，介绍北京这三座塔并指出它们的显著的异同，也可以增加游览者对它们的认识和兴趣。

## 🌀 现存最早的金刚宝座塔——五塔寺塔

五塔寺①在西郊公园北面约二百公尺。它的大台高五丈，上面立五座密檐的方塔，正中一座高十三层，四角每座高十一层。中塔的正南，阶梯出口的地方有一座两层檐的亭子，上层瓦顶是圆的。大台的最底层是个"须弥座"，座之上分五层，每层伸出小檐一周，下雕并列的佛龛，龛和龛之间刻菩萨立像。最上层是女儿墙，也就是大台的栏杆。这些上面都有雕刻，所谓"梵花、梵宝、梵字、梵像"。大台的正门有门洞，门内有阶梯藏在台身里，盘旋上去，通到台上。

这塔全部用汉白玉建造，密密地布满雕刻。石里所含铁质经过五百年的氧化，呈现出淡淡的橙黄的颜色，非常温润而美丽。过于烦琐的雕饰本是印度建筑的弱点，中国匠人却创造了自己的适当的处理。他们智慧地结合了祖国的手法特征，努力控制了凹凸深浅的重点。每层利用小檐的伸出和佛龛的深入，做成阴影较强烈的部分，其余全是极浅的浮雕花纹。这样，便纠正了一片杂乱繁缛的感觉。


## 🌀 藏传佛教的白塔——西黄寺塔

西黄寺塔，也称作班禅喇嘛净化城塔，建于 1779 年。这座塔的形式和大正觉寺塔一样，也是五座小塔立在一个大台上面。所不同的，在于这五座塔本身的形式。它的中央一塔为西藏式的喇嘛塔（如北海的白塔），而它的四角小塔，却是细高的八角五层的"经幢"；并且在平面上，四小塔的座

---

① 明永乐十二年（1414 年），尼泊尔高僧班迪达（室利沙）来到北京，皇帝封他为国师，并赐予他金印宝冠。他向明成祖进献了五尊金佛像和菩提伽耶大塔的图纸，明成祖朱棣按照图纸敕建真觉寺居之。清乾隆十六年（1751 年），乾隆为庆祝崇庆太后六十寿辰重修真觉寺，避雍正名讳胤禛，改寺名为正觉寺，大修后建筑增至二百余间。清朝末年，正觉寺毁于大火，仅金刚宝座及少数殿宇幸存。近代，殿宇又毁，现仅存金刚宝座塔。

### 五塔寺塔

　　据史料记载，明成化九年（1473年）塔建成后，为了保护这座金刚宝座塔，将塔表面的石刻全部用"血料"保护起来。"血料"就是用猪血和上腻子、面粉，再加上糯米汁调匀后，刷在塔身上，并在上面贴上一层麻布，在麻布上刷两遍大漆，待大漆潮干后，再粘上第二层麻布，再上两遍大漆，一直到达一定厚度为止。20世纪20年代真觉寺被北洋政府卖给了一个商人，而这个商人又将寺中的梁柱拆下当木料卖掉，如今只剩下一座孤零零的金刚宝座塔。

基突出于大台之外，南面还有一列石阶引至台上。中央塔的各面刻有佛像、草花和凤凰等，雕刻极为细致富丽，四个幢主要一层素面刻经，上面三层刻佛龛与莲瓣。全组呈窈窕玲珑的印象。

## 西黄寺塔

西黄寺塔又被老北京俗称为班禅塔，原来这座高 15 米的白塔是为纪念六世班禅而修建的。乾隆四十四年（1779 年），六世班禅率领三大寺堪布（相当于中原寺庙的方丈）及高僧百余人来为乾隆皇帝祝七十大寿，之后驻锡西黄寺。一年后，六世班禅于西黄寺圆寂。乾隆皇帝亲临凭吊，并在西黄寺西侧敕建清净化城塔（西黄寺塔）及清净化城塔院，塔内放有六世班禅衣冠和乾隆皇帝的赐物等。所以清净化城塔（西黄寺塔）不仅是中国佛塔建筑中的杰作，也是清代中央政府和西藏地方之间的一条重要纽带，承载着一段文化交往交融的历史。

## 中国现存最高、最大的金刚宝座塔——碧云寺塔

碧云寺塔和以上两座又都不同。它的大台共有三层，底下两层是月台，各有台阶上去。最上层做法极像五塔寺塔，刻有数层佛龛，阶梯也藏在台身内。但它上面五座塔之外，南面左右还有两座小喇嘛塔，所以共有七座塔。

这三处仿中印度式建筑的遗物，都在北京近郊风景区内。同式样的塔，国内只有昆明官渡镇有一座，比五塔寺塔更早了几年。

**碧云寺塔**

　　碧云寺塔是中国现存最高、最大的金刚宝座塔，它矗立在碧云寺的最高处，通高34.7米，站在金刚宝座上极目远眺，远处的玉泉山、颐和园和北京城尽收眼底。碧云寺塔还有一个重要的历史意义，它是孙中山先生的衣冠冢。1925年3月12日，在北京病逝的孙中山灵柩曾停放碧云寺中，灵柩南迁后，从遗体上换下来的民国大总统礼服和礼帽等衣物就封葬在了寺后的金刚宝塔中，宝塔成为衣冠冢。

拾

北京——都市计划的
无比杰作

# 北京——都市计划的无比杰作

中国人民的首都北京，是一个极年老的旧城，却又是一个极年轻的新城。北京曾经是封建帝王威风的中心，军阀和反动势力的堡垒，今天它却是初落成的、照耀全世界的民主灯塔。它曾经是没落到只能引起无限"思古幽情"的旧京，也曾经是忍受侵略者铁蹄践踏的沦陷城，现在它却是生气蓬勃地在迎接社会主义曙光中的新首都。它有丰富的政治历史意义，更要发展无限文化上的光辉。

构成整个北京的表面现象的是它的许多不同的建筑物，那显著而美丽的历史文物，艺术的表现：如北京雄劲的周围城墙，城门上嶙峋高大的城楼，围绕紫禁城的黄瓦红墙，御河的栏杆石桥，宫城上窈窕的角楼，宫廷内宏丽的宫殿，或是园苑中妩媚的廊庑亭榭，热闹的市心里牌楼店面，和那许多坛庙、塔寺、宅第、民居，它们是个别的建筑类型，也是个别的艺术杰作。每一类，每一座，都是过去劳动人民血汗创造的优美果实，给人以深刻的印象；今天这些都回到人民自己手里，我们对它们宝贵万分是理之当然。但是，最重要的还是这各种类型，各个或各组的建筑物的全部配合；它们与北京的全盘计划、整个布局的关系；它们的位置和街道系统如何相辅相成；如何集中与分布；引直与对称；前后左右，高下起落，所组织起来的北京的全部部署的庄严秩序，怎样成为宏壮而又美丽的环境。北京是在全盘的处理上才完整地表现出伟大的中华民族建筑的传统手法和在都市计划方面的智慧与气魄。这整个的体型环境增强了我们对于伟大的祖先的景仰，对于中华民族文化的骄傲，对于祖国的热爱。北京对我们证明了我们的民族在适应自然、控制自然、改变自然的实践中有着多么光辉的成就。这样一个城市是一个举世无匹的杰作。

我们承继了这份宝贵的遗产，的确要仔细地了解它——它的发展历史、过去的任务同今天的价值。不但对于北京个别的文物，我们要加深认识，且要对这个部署的体系提高理解，在将来的建设发展中，我们才能保护固有的精华，才不至于使北京受到不可补偿的损失。并且也只有深入地认识和热爱北京独立的和谐的整体格调，才能掌握它原有的精神来做更辉煌的发展，为今天和明天服务。

北京城的特点是热爱北京的人们都大略知道的。我们就按着这些特点分述如下。

# 一、我们的祖先选择了这个宝地

北京在位置上是一个杰出的选择。它在华北平原的最北头，处于两条约略平行的河流的中间，它的西面和北面是一弧线的山脉围抱着，东面、南面则展开向着大平原。它为什么坐落在这个地点，是有充足的地理条件的。选择这地址的本身就是我们祖先同自然斗争的生活所得到的智慧。

北京的高度约为海拔 50 米，地质学家所研究的资料告诉我们，在它的东南面比它低下的地区，四五千年前还都是低洼的湖沼地带。所以历史学家可以推测，由中国古代的文化中心的"中原"向北发展，势必沿着太行山麓这条 50 米等高线的地带走。因为这一条路要跨渡许多河流，每次便必须在每条河流的适当的渡口上来往。当我们的祖先到达永定河的右岸时，经验使他们找到那一带最好的渡口。这地点正是我们现在的卢沟桥所在。渡过了这个渡口之后，正北有一支西山山脉向东伸出，挡住去路，往东走了十余公里，这支山脉才消失到一片平原里。所以就在这里，西倚山麓，东向平原，一个农业的民族建立了一个最有利于发展的聚落，当然是适当而合理的。北京的位置就这样地产生了。并且也就在这里，他们有了更重要的发展，同北面的游牧民族开始接触，是可以由这北京的位置开始，分三条主要道路通到北面的山岳高原和东北面的辽东平原的。那三个口子就是南口、古北口和山海关。北京可以说是向着这三条路出发的分岔点，这也成了今天北京城主要构成原因之一。北京是河北平原旱路北行的终点，又是通向"塞外"高原的起点。我们的祖先选择了这地方，不但建立一个聚落，并且发展成中国古代边区的重点，完全是适应地理条件的活动。这地方经过世代的发展，在周朝为燕国的都邑，称作蓟；到了唐是幽州城，节度使的府衙所在；在五代和北宋是辽的南京，亦称作燕京；在南宋是金的中都；到了元朝，城的位置东移，建设一新，成为全国政治的中心，就成了今天北京的基础。最难得的是明、清两代易朝换代的时候都未经太大的破坏就又在旧基础上修建展拓。随着条件发展，到了今天，城中每段街、每一个区域都有着丰实的历史和劳动人民血汗的成绩。有纪念价值的文物实在是太多了。

# 二、北京城近千年来的四次改建

一个城是不断地随着政治经济的变动而发展着改变着的，北京当然也非例外。但是在过去一千年中间，北京曾经有过四次大规模的发展，不单是动了土木工程，并且是移动了地址的大修建。对这些变动有个简单认识，对于北京城的布局形势便更觉得亲切。

现在北京最早的基础是唐朝的幽州城，它的中心在现在广安门外迤南一带。本为范阳节度使的驻地，安禄山和史思明向唐代政权进攻曾由此发动，所以当时是军事上重要的边城。后来刘仁恭父子割据称帝，把城中的"子城"改建成宫城的规模，有了宫殿。937年，北方民族的辽势力渐大，五代的石敬瑭割了燕云十六州给辽，辽人并不曾改动唐的幽州城，只加以修整，将它"升为南京"。这时的北京开始成为边疆上一个相当区域的政治中心了。

到了更北方的民族金人的侵入时，先灭辽，又攻败北宋，将宋的势力压缩到江南地区，自己便承袭辽的"南京"，以它为首都。起初金也没有改建旧城，1151年才大规模地将辽城扩大，增建宫殿，有意识地模仿北宋汴梁的形制，按图兴修。金人把宋东京汴梁（开封）的宫殿苑囿和真定（正定）的潭圃木料拆卸北运，在此大大建设起来，称作中都，这时的北京便成了半个中国的中心。当然，许多辉煌的建筑仍然是中都的劳动人民和技术匠人，承继着北宋工艺的宝贵传统，又创造出来的。在金人进攻掠夺"中原"的时候，"匠户"也是他们劫掳的对象，所以汴梁的许多匠人曾被迫随着金军到了北京，为金的统治阶级服务。金朝在北京曾不断地营建，规模宏大，最重要的还有当时的离宫，今天的中海、北海。辽以后，金在旧城基础上扩充建设，便是北京第一次的大改建，但它的东面城墙还在现在的琉璃厂以西。

1215年元人破中都，中都的宫城同宋的东京一样遭到剧烈破坏，只有郊外的离宫大略完好。1260年以后，元世祖忽必烈数次到金故中都，都没有进城而驻跸在离宫琼华岛①上的宫殿里。这地方便成了今天北京的胚胎，因为到了1267年元代开始建城的时候，就以这离宫为核心建造了新首都。元大都的皇宫是围绕北海和中海而布置的，元代的北京城便围绕着这皇宫成一正方形。

这样，北京的位置由原来的地址向东北迁移了很多。这新城的西南角同旧城的东北角差不多接壤，这就是今天的宣武门迤西一带。虽然金城的

---

① 今北海公园万寿山，也叫白塔山。——编者注

北面在现在的宣武门内，当时元的新城最南一面却只到现在的东西长安街一线上，所以两城还隔着一个小距离。主要原因是当元建新城时，金的城墙还没有拆掉之故。元代这次新建设是非同小可的，城的全部是一个完整的布局。在制度上有许多仍是承袭中都的传统，只是规模更大了。如宫门楼观、宫墙角楼、护城河、御路、石桥、千步廊的制度，不但保留中都所有，且超过汴梁的规模。还有故意恢复一些古制的，如"左祖右社"的格式，以配合"前朝后市"的形式。

这一次新址发展的主要存在基础不仅是有天然湖沼的离宫和它优良的水潭，还有极好的粮运的水道。什刹海曾是航运的终点，成了重要的市中心。当时的城是近乎正方形的，北面在今日北城墙外约二公里，当时的鼓楼便位于全城的中心点上，在今什刹海北岸。因为船只可以在这一带停泊，钟鼓楼自然是那时热闹的商市中心。这虽是地理条件所形成，但一向许多人说到元代北京形制，总以这"前朝后市"为严格遵循古制的证据。元时建的尚是土城，没有砖面，东、西、南，每面三门：唯有北面只有两门，街道引直，部署井然。当时分全市为五十坊，鼓励官吏人民从旧城迁来。这便是辽以后北京第二次的大改变。它的中心宫城基本上就是今天北京的故宫与北海、中海。

1368年，明太祖朱元璋灭了元朝，次年就"缩城北五里"，筑了今天所见的北面城墙。原因显然是本来人口就稀疏的北城地区，到了这时，因航运滞塞，不能达到什刹海，因而更萧条不堪，而商业则因金的旧城东壁原有的基础渐在元城的南面郊外繁荣起来。元的北城内地址自多旷废无用，所以索性缩短五里了。

明成祖朱棣迁都北京后，因衙署不足，又没有地址兴修，1419年便将南面城墙向南展拓，由长安街线上移到现在的位置。南北两墙改建的工程使整个北京城约略向南移动四分之一，这完全是经济和政治的直接影响。且为了元的故宫已故意被破坏过，重建时就又做了若干修改。最重要的是因不满城中南北中轴线为什刹海所切断。将宫城中线向东移了约150米，正阳门、钟鼓楼也随着东移，以取得由正阳门到鼓楼、钟楼中轴线的贯通，同时又以景山横亘在皇宫北面如一道屏风。这个变动使景山中峰上的亭子成了全城南北的中心，替代了元朝的鼓楼的地位。这50年间陆续完成的三次大工程便是北京在辽以后的第三次改建。这时的北京城就是今天北京的内城了。

在明中叶以后，东北的军事威胁逐渐强大，所以要在城的四面再筑一圈外城。原拟在北面利用元旧城，所以就决定内外城的距离照着原来北面所缩的五里。这时正阳门外已非常繁荣，西边宣武门外是金中都东门内外的热闹区域，东边崇文门外这时受航运终点的影响，工商业也发展起来。所以工程由南面开始，先筑南城。开工之后，发现费用太大，尤其是城墙由明代起始改用砖，较过去土墙所费更大，所以就改变计划，仅筑南城一面了。外城东西仅比内城宽出六七百米，便折而向北，止于内城西南东南两角上，即今西便门、东便门之处。这是在唐幽州基础上辽以后北京第四次的大改建。北京今天的凸字形状的城墙就是这样在1553年完成的。假使这外城按原计划完成，则东面城墙将在二闸，西面差不多到了公主坟，现在的东岳庙、大钟寺、五塔寺、西郊公园、天宁寺、白云观便都要在外城之内了。

清朝承继了明朝的北京，虽然个别的建筑单位经过了重建，但对整个布局体

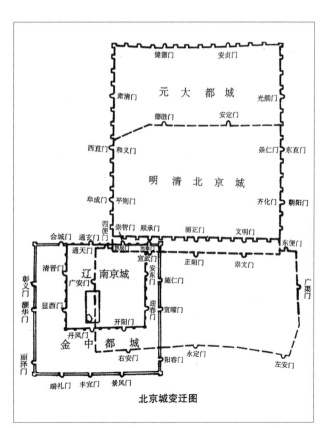

北京城变迁图

系则未改动，一直到了今天。民国以后，北京市内虽然有不少的局部改建，尤其是道路系统，为适合近代使用，有了很多变更，但对于北京的全部规模则尚保存原来秩序，没有大的损害。

由那四次的大改建，我们认识到一个事实，就是城墙的存在也并不能阻碍城区某部分一定的发展，也不能防止某部分的衰落。全城各部分是随着政治、军事、经济的需要而有所兴废。北京过去在体型的发展上，没有被它的城墙限制过它必要的展拓和所展拓的方向，就是一个明证。


# 三、北京的水源——全城的生命线

从元建大都以来，北京城就有了一个问题，不断地需要完满解决，到了今天同样问题也仍然存在。那就是北京城的水源问题。这问题的解决与否在有铁路和自来水以前的时代里更严重地影响着北京的经济和全市居民的健康。

在有铁路以前，北京与南方的粮运完全靠运河。由北京到通州之间的通惠河①一段，顺着西高东低的地势，须靠由西北来的水源。这水源还须供给什刹海、三海和护城河，否则它们立即枯竭，反成孕育病疫的水洼，水源可以说是北京的生命线。

北京近郊的玉泉山的泉源虽然是"天下第一"，但水量到底有限；供给池沼和饮用虽足够，但供给航运则不足了。辽、金时代航运水道曾利用高粱河水，元初则大规模地重新计划。起初曾经引永定河水东行，但因夏季山洪暴发，控制困难，不久即放弃。当时的河渠故道在现在西郊新区之北，至今仍可辨认。废弃这条水道之后的计划是另找泉源。于是便由昌平县神

① 元至元三十年（1293年），什刹海通航。此时正值元世祖忽必烈自上都返回大都，过积水潭，见漕船蔽水，大悦，赐名"通惠"。——编者注

山泉引水南下，建造了一条石渠，将水引到瓮山泊（昆明湖）再由一道石渠东引入城，先到什刹海，再流到通惠河。这两条石渠在西北郊都有残迹，城中由什刹海到二闸的南北河道就是现在南北河沿和御河桥一带。元时所引玉泉山的水是与由昌平南下经同昆明湖入城的水分流的。这条水名金水河，沿途严禁老百姓使用，专引入宫苑池沼，主要供皇室的饮水和栽花养鱼之用。金水河由宫中流到护城河，然后同昆明湖什刹海那一股水汇流入通惠河。元朝对水源计划之苦心，水道建设规模之大，后代都不能及。城内地下暗沟也是那时留下绝好的基础，经明增设，到现在还是最可贵的下水道系统。

明朝先都南京，昌平水渠破坏失修，竟然废掉不用。由昆明湖出来的水与由玉泉山出来的水也不两河分流，事实上水源完全靠玉泉山的水。因此水量顿减，航运当然不能入城。到了清初建设时，曾作补救计划，将西山碧云寺、卧佛寺同香山的泉水都加入利用，引到昆明湖。这段水渠又破坏失修后，北京水量一直感到干涩不足。中华人民共和国成立之前若干年中，三海和护城河淤塞情形是愈来愈严重，人民健康曾大受影响。龙须沟的情况就是典型的例子。

1950年，北京市人民政府大力疏浚北京河道，包括三海和什刹海，同时疏通各种沟渠，并在西直门外增凿深井，增加水源。这样大大地改善了北京的环境卫生，是北京水源史中又一次新的纪录。现在我们还可以期待永定河上游水利工程，眼看着将来再努力沟通京津水道航运的事业。过去伟大的通惠运河仍可再用，是我们有利的发展基础。

1293 年北京至通州段的大运河全线竣工，忽必烈在高兴之余亲自为这条大运河起了个响亮的名字，叫"通惠河"。运河开通后，北京城便一下子繁盛起来。一时间，杂货铺、柴草铺、鸡鸭铺、脂粉铺、皮帽铺等各种生活必需品的商铺，以及珠宝铺、金银铺等奢侈品的商铺如雨后春笋一般冒了出来。当时的元政府还特意制造了 8000 艘粮运漕船，日夜不停地从南方往北京运送粮食等物资。

# 四、北京的城市格式——中轴线的特征

如上文所曾讲到，北京城的凸字形平面是逐步发展而来。它在 16 世纪中叶完成了现在的特殊形状。城内的全部布局则是由中国历代都市的传统制度，通过特殊的地理条件，和元、明、清三代政治经济实际情况而发展的具体型式。这个格式的形成，一方面是遵循或承袭过去的一般的制度，一方面又由于所尊崇的制度同自己的特殊条件相结合所产生出来的变化运

用。北京的体型大部是由于实际用途而来，又曾经过艺术的处理而达到高度成功的。所以北京的总平面是经得起分析的。过去虽然曾很好地为封建时代服务，今天它仍然能很好地为新民主主义时代的生活服务，并还可以再作社会主义时代的都城，毫不阻碍一切有利的发展。它的累积的创造成绩是永远可以使我们骄傲的。

大略地说，凸字形的北京，北半是内城，南半是外城，故宫为内城核心，也是全城布局重心，全城就是围绕这中心而部署的。但贯通这全部署的是一根直线。一根长达八公里，全世界最长，也最伟大的南北中轴线穿过了全城。北京独有的壮美秩序就由这条中轴的建立而产生。前后起伏、左右对称的体型或空间的分配都是以这中轴为依据的。气魄之雄伟就在这个南北引伸，一贯到底的规模。我们可以从外城最南的永定门说起，从这南端正门北行，在中轴线左右是天坛和先农坛两个约略对称的建筑群；经过长长一条市楼对列的大街，到达珠市口的十字街口之后才面向着内城第一个重点——雄伟的正阳门楼。在门前百余米的地方，拦路一座大牌楼，一座大石桥，为这第一个重点做了前卫。但这还只是一个序幕。过了此点，从正阳门楼到中华门，由中华门到天安门，一起一伏、一伏而又起，这中间千步廊（民国初年已拆除）御路的长度，和天安门面前的宽度，是最大胆的空间的处理，衬托着建筑重点的安排。这个当时曾经为封建帝王据为己有的禁地，今天是多么恰当地回到人民手里，成为人民自己的广场！由天安门起，是一系列轻重不一的宫门和广庭，金色照耀的琉璃瓦顶，一层又一层地起伏峋岭，一直引导到太和殿顶，便到达中线前半的极点，然后向北，重点逐渐退削，以神武门为尾声。再往北，又"奇峰突起"地立着景山做了宫城背后的衬托。景山中峰上的亭子正在南北的中心点上。由此向北是一波又一波的远距离重点的呼应。由地安门，到鼓楼、钟楼，高大的建筑物都继续在中轴线上。但到了钟楼，中轴线便有计划地，也恰到好处地结束了。中线不再向北到达墙根，而将重点平稳地分配给左右分立的两个北面城楼——安定门和德胜门。有这样气魄的建筑总布局，以这样规模来处理空间，世界上就没有第二个！

在中线的东西两侧为北京主要街道的骨干；东、西单牌楼和东、西四牌楼是四个热闹商市的中心。在城的四周，在宫城的四角上，在内外城的四角和各城门上，立着十几个环卫的突出点。这些城门上的门楼、箭楼及角楼又增强了全城三度空间的抑扬顿挫和起伏高下。因北海和中海，什刹海的湖沼岛屿所产生的不规则布局，和因琼华岛塔、妙应寺白塔所产生的突出点，以及许多坛庙园林的错落，也都增强了规则的布局和不规则的变化的对比。在有了飞机的时代，由空中俯瞰，或仅由各个城楼上或景山顶上遥望，都可以看到北京杰出成就的优异。这是一份伟大的遗产，它是我们人民最宝贵的财产，还有人不感到吗？

# 五、北京的交通系统及街道系统

北京是华北平原通到蒙古高原、热河山地和东北的几条大路的分岔点，所以在历史上它一向是一个政治、军事重镇。北京在元朝成为大都以后，因为运河的开凿，以取得东南的粮食，才增加了另一条东面的南北交通线。直到今天，北京与南方联系的两条主要铁路干线都沿着这两条历史的旧路修筑；而京包、京热两线也正筑在我们祖先的足迹上。这是地理条件所决定。因此，北京便很自然地成了华北北部最重要的铁路衔接站。自从汽车运输发达以来，北京也成了一个公路网的中心。西苑、南苑两个飞机场已使北京对外的空运有了站驿。这许多市外的交通网同市区的街道是息息相关、互相衔接的，所以北京城是会每日增加它的现代效果和价值的。

今天所存在的城内的街道系统，用现代都市计划的原则来分析，是一个极其合理，完全适合现代化使用的系统。这是一个令人惊讶的事实，是任何一个中世纪城市所没有的。我们不得不又一次敬佩我们祖先伟大的智慧。

这个系统的主要特征在大街与小巷，无论在位置上或大小上，都有明确的分别，大街大致分布成几层合乎现代所采用的"环道"；由"环道"明确的有四向伸出的"幅道"。结果主要的车辆自然会汇集在大街上流通，不致无故地去钻小胡同，胡同里的住宅得到了宁静，就是为此。

所谓几层的环道，最内环是紧绕宫城的东西长安街、南北池子、南北长街、景山前大街。第二环是王府井、府右街，南北两面仍是长安街和景山前大街。第三环以东西交民巷，东单东四，经过铁狮子胡同、后门、北海后门、太平仓、西四、西单而完成。这样还可更向南延长，经宣武门、菜市口、珠市口、磁器口而入崇文门。近年来又逐步地开辟一个第四环，就是东城的南北小街，西城的南北沟沿，北面的北新桥大街、鼓楼东大街，以达新街口。但鼓楼与新街口之间因有什刹海的梗阻，要多少费点事。南面则尚未成环（也许可与东西交民巷衔接）。这几环中，虽然有多少尚待展宽或未完全打通的段落，但极易完成。这是现代都市计划学家近年来才发现的新原则。欧美许多城市都在它们的弯曲杂乱或呆板单调的街道中努力计划开辟成环道，以适应控制大量汽车流通的迫切需要。我们的北京却可应用六百年前建立的规模，只需稍加展宽整理，便可成为最理想的街道系统。这的确是伟大的祖先留给我们的"余荫"。

有许多人不满北京的胡同，其实胡同的缺点不在其小，而在其泥泞和缺乏小型空场与树木。但它们都是安静的住宅区，有它的一定优良作用。在道路系统的分配上也是一种很优良的秩序，这些便是我们发展的良好基础，可以予以改进和提高的。

# 六、北京城的土地使用——分区

我们不敢说我们的祖先计划北京城的时候，曾经计划到它的土地使用或分区。但我们若加以分析，就可看出它大体上是分了区的，而且在位置上大致都适应当时生活的要求和社会条件。

内城除紫禁城为皇宫外，皇城之内的地区是内府官员的住宅区。皇城以外，东西交民巷一带是各衙署所在的行政区（其中东交民巷在辛丑条约之后被划为"使馆区"）。而这些住宅的住户，有很多就是各衙署的官员。北城是贵族区，和供应它们的商店区，这区内王府特别多。东、西四牌楼是东西城的两个主要市场；由它们附近街巷名称，就可看出。如东四牌楼附近是猪市大街、小羊市、驴市（今改"礼士"）胡同等；西四牌楼则有马市大街、羊市大街、羊肉胡同、缸瓦市等。

至于外城，大体地说，正阳门大街以东是工业区和比较简陋的商业区，以西是最繁华的商业区。前门以东以商业命名的街道有鲜鱼口、瓜子店、果子市等；工业的则有打磨厂、梯子胡同等等。以西主要的是珠宝市、钱市胡同、大栅栏等，是主要商店所聚集；但也有粮食店、煤市街。崇文门外则有巾帽胡同、木厂胡同、花市、草市、磁器口等等，都表示着这一带的土地使用性质。宣武门外是京官住宅和各省府州县会馆区，会馆是各省入京应试的举人们的招待所，因此知识分子大量集中在这一带。应景而生的是他们的"文化街"，即供应读书人的琉璃厂的书铺集团，形成了一个"公共图书馆"；其中掺杂着许多古玩铺，又正是供给知识分子观摩的"公共文物馆"。其次要提到的就是文娱区，大多数的戏院都散布在前门外东西两侧的商业区中间。大众化的杂耍场集中在天桥。至于骚人雅士们则常到先农坛迤西洼地中的陶然亭吟风咏月，饮酒赋诗。

由上面的分析，我们可以看出，以往北京的土地使用，的确有分区的现象。但是除皇城及它迤南的行政区是多少有计划的之外，其他各区都是在发展中自然集中而划分的。这种分区情形，到民国初年还存在。

到现在，除去北城的贵族已不贵了，东交民巷又由"使馆区"收复为行政区而仍然兼是一个有许多已建立邦交的使馆或尚未建立邦交的"使馆"所在区，和西交民巷成了银行集中的商务区而外，大致没有大改变。近二三十年来的改变，则在外城建立了几处工厂。王府井大街因为东安市场之开辟，再加上供应东交民巷帝国主义外交官僚的消费，变成了繁盛的零售商店街，部分夺取了民国初年军阀时代前门外的繁荣。东、西单牌楼之间则因长安街三座门之打通而繁荣起来，产生了沿街"洋式"店楼型制。全城的土地使用，比清末民初时期显然增加了杂乱错综的现象。幸而因为北京以往并不是一个工商业中心，体型环境方面尚未受到不可挽回的损害。

# 七、北京城是一个具有计划性的整体

北京是中国（可能是全世界）文物建筑最多的城。元、明、清历代的宫苑、坛庙、塔寺分布在全城，各有它的历史艺术意义，是不用说的。要再指出的是：因为北京是一个先有计划然后建造的城（当然，计划所实现的都曾经因各时代的需要屡次修正，而不断地发展的），它所特具的优点主要就在它那具有计划性的城市的整体。那宏伟而庄严的布局，在处理空间和分配重点上创造出卓越的风格，同时也安排了合理而有秩序的街道系统，而不仅在它内部许多个别建筑物的丰富的历史意义与艺术的表现。所以我们首先必须认识到北京城部署骨干的卓越，北京建筑的整个体系是全世界保存得最完好的，而且继续有传统的、活力的、最特殊的、最珍贵的艺术杰作。这是我们对北京城不可忽略的起码认识。

就大多数的文物建筑而论，也都不仅是单座的建筑物，而往往是若干座合组而成的整体，为极可宝贵的艺术创造，故宫就是最显著的一个例子。其他如坛庙、园苑、府第，无一不是整组的文物建筑，有它全体上的价值。我们爱护文物建筑，不仅应该爱护个别的一殿、一堂、一楼、一塔，而且必须爱护它的周围整体和邻近的环境。我们不能坐视，也不能忍受一座或一组壮丽的建筑物遭受各种直接或间接的破坏，使它们委屈在不调和的周围里，受到不应有的宰割。过去因为帝国主义的侵略，和我们不同体系、不同格调的各型各式的所谓洋式楼房，所谓摩天高楼，模仿到家或不到家的欧美系统的建筑物，庞杂凌乱的大量渗到我们的许多城市中来，长久地劈头拦腰破坏了我们的建筑情调，渐渐地麻痹了我们对于环境的敏感，使我们习惯于不调和的体型或习惯于看着自己优美的建筑物被摒弃到委曲求全的夹缝中，而感到无可奈何。我们今后在建设中，这种错误是应该予以纠正了。代替这种蔓延野生的恶劣建筑，必须是有计划、有重点的发展，比如明年，在天安门的前面，广场的中央，将要出现一座庄严雄伟的人民英雄纪念碑。几年以后，广场的外围将要建起整齐壮丽的建筑，将广场衬托起来。长安门（三座门）外将是绿荫平阔的林荫大道，一直通出城墙，使北京向东西城郊发展。那时的天安门广场将要更显得雄壮美丽了。总之，今后我们的建设，必须强调同环境配合，发展新的来保护旧的，这样才能保存优良伟大的基础，使北京城永远保持着美丽、健康和年轻。

北京城内城外无数的文物建筑，尤其是故宫、太庙（现在的劳动人民文化宫）、社稷坛（现在的中山公园）、天坛、先农坛、孔庙、国子监、颐和园等等，都普遍地受到人们的赞美。但是一件极重要而珍贵的文物，竟没有得到应有的注意，乃至被人忽视，那就是伟大的北京城墙。它的产生，它的变动，它的平面形成凸字形的沿革，充满了历史意义，是一个历史现象辩证的发展的卓越标本，已经在上文叙述过了。至于它的朴实雄厚的壁垒，宏丽嶙峋的城门楼、箭楼、角楼，也正是北京体型环境中不可分离的艺术构成部分。我们还需要首先特别提到，苏联人民称斯摩棱斯克的城墙为苏联的项链，我们北京的城墙，加上那些美丽的城楼，更应称为一串光彩耀目的中国人民的璎珞了。古史上有许多著名的台——古代封建主的某些殿宇是筑在高台上的，台和城墙有时不分——后来发展成为唐、宋的阁与楼时，则是在城墙上含有纪念性的建筑物，大半可供人民登临。前者如春秋战国燕和赵的丛台、西汉的未央宫、汉末曹操和东晋石赵在邺城的先后两个铜雀台，后者如唐、宋以来由文字流传后世的滕王阁、黄鹤楼、岳阳楼等。宋代的宫前门楼宣德楼的作用也还略像一个特殊的前殿，不只是一个仅具形式的城楼。北京峙峙着许多壮观的城楼角楼，站在上面俯瞰城郊，远览风景，可以供人娱心悦目，舒畅胸襟。但在过去封建时代里，因人民不得登临，事实上是等于放弃了它的一个可贵的作用。今后我们必须好好利用它为广大人民服务。现在前门箭楼早已恰当地作为文娱之用。在北京市各界人民代表会议中，又有人建议用崇文门、宣武门两个城楼做陈列馆，以后不但各城楼都可以同样地利用，并且我们应该把城墙上面的全部面积整理出来，尽量使它发挥它所具有的特长。城墙上面面积宽敞，可以布置花池，栽种花草，安设公园椅，每隔若干距离的敌台上可建凉亭，供人游息。由城墙或城楼上俯视护城河与郊外平原，远望西山远景或紫禁城宫殿。它将是世界上最特殊的公园之——一个全长达 39.75 千米的立体环城公园！

## 本书篇目出处索引

若非特别说明，本书篇目标题名均为编者所加。